河北省省级科技计划资助（S&T Program of Hebei）
河北省科普专项项目编号20550101K

少年轻松趣编程

——用Scratch创作自己的小游戏

魏娜娣　编著

清華大学出版社
北京

内 容 简 介

本书由入门知识、编程创意、开阔眼界3部分组成，循序渐进地引导学习者掌握Scratch编程工具的各个功能；然后在此基础上，通过游戏项目进行创意构思、游戏设计和编程实现；最后通过竞赛题目训练提升、开阔眼界。

本书内容全面、层次清晰、对接前沿、传递科普、富含童趣、充满正能量。为了便于学习，本书为程序案例配备了视频资源；本书中的部分游戏项目已在多所小学、幼儿园进行了试点体验、创作与探索，受到师生和家长的一致好评。

作为一本学习Scratch计算机编程的科普读物，本书特别适合编程入门使用，同时，也可作为少儿编程、青少年编程相关竞赛的辅助用书。

图书在版编目（CIP）数据

少年轻松趣编程：用 Scratch 创作自己的小游戏 / 魏娜娣编著 . — 北京：清华大学出版社，2022.4
ISBN 978-7-302-60462-4

Ⅰ . ①少… Ⅱ . ①魏… Ⅲ . ①程序设计 – 少儿读物 Ⅳ . ① TP311.1

中国版本图书馆 CIP 数据核字（2022）第 051337 号

责任编辑：汪汉友
封面设计：何凤霞
责任校对：李建庄
责任印制：沈 露

出版发行：清华大学出版社
网 址：http://www.tup.com.cn, http://www.wqbook.com
地 址：北京清华大学学研大厦 A 座 **邮 编：**100084
社 总 机：010-83470000 **邮 购：**010-62786544
投稿与读者服务：010-62776969, c-service@tup.tsinghua.edu.cn
质量反馈：010-62772015, zhiliang@tup.tsinghua.edu.cn
课件下载：http://www.tup.com.con，010-83470236
印 装 者：三河市君旺印务有限公司
经 销：全国新华书店
开 本：203mm × 260mm **印 张：**11.5 **字 数：**199 千字
版 次：2022 年 4 月第 1 版 **印 次：**2022 年 4 月第 1 次印刷
定 价：79.00 元

产品编号：088740-01

河北省创新能力提升计划
科学普及专项

少年轻松趣编程

——用 Scratch 创作自己的小游戏

成员名单

魏娜娣　段再超　董纪悦　姜文杰

肖占雄　霍利岭　吕晓晴　刘　琨

科技强国　未来有我

前　言

本书为河北省省级科技计划资助（S&T Program of Hebei）项目和河北省创新能力提升计划项目科学普及专项（项目编号：20550101K）的课题研究成果，立足科普，用知识和技术服务社会。

未来是人工智能的时代，全球最少有24个国家将机器人编程纳入中小学课程大纲及教学场景。在国务院印发的《新一代人工智能发展规划》（国发〔2017〕35号）和教育部印发的《普通高中课程方案和语文等学科课程标准（2017年版）》（教材〔2017〕7号）等文件中明确强调，要实施全民智能教育项目，在中小学阶段设置人工智能相关课程，逐步推广编程教育，鼓励社会力量参与寓教于乐的编程教学软件、游戏的开发和推广。

学习编程，可让孩子的未来充满更多可能性。本书采用适合入门学习的图形化积木式编程语言，以游戏编程、创意作品为主旨，结合抗击疫情背景，以“编程魔力王国”受到“病毒怪”入侵为故事情节，将读者设定为“编程魔力王国”抗击“病毒怪”的“抗疫小勇士”，充分应用Scratch编程工具和技术能力，最终将“病毒怪”击败，取得抗疫胜利。

本书旨在提升学习者的综合能力和科学素养。其一，以疫情防控为故事主线，将自己化身为“编程小创客”和“抗疫小勇士”，用学到的编程知识，参与“抗疫”，促进编程技术及疫情防护知识的普及，为一线“战疫”的工作人员加油助力；其二，通过编程创作中对抗“病毒怪”、维护正义、保护人民，激发爱国热情与责任担当；其三，通过Scratch编程引导读者走近人工智能，结合百余条指令的学习，把程序设计所需要的基本技巧囊括其中，帮助读者掌握编程知识基础，培养逻辑思维、创新能力与探索能力；其四，除了编程知识的传授、编程思维的培养外，还穿插讲解了数学计算、坐标定位、角度、方向、键盘与鼠标操作等常识，涉及科学、语言、逻辑、美术、音乐等多个学科，满足了求新、求异、求变的个性需要和学科兴趣。

本书由入门知识、编程创意、开阔眼界3部分组成，循序渐进地引导读者掌握Scratch编程工具的各个功能，然后在此基础上，通过游戏项目进行创意构思、游戏设计、编程实现，激发编程兴趣，最后结合Scratch创意编程竞赛题进行启发、拓展，夯实理论和实践根基。此外，本书潜移默化地渗透了抗疫防护、爱国主义、责任担当等教育内容，努力培养充满“正能量”的社会主义建设者和接班人。

在本书的写作中得到了多方面的支持、关心与帮助，在此深表感谢。首先，感谢国家相关部门对青少年培养的关怀与关注，感谢河北省科技厅给予的资助与支持；其次，感谢河北师范大学、河北师范大学汇华学院的各级领导，他们对人才培养改革工作付出的心血，以及在党员志愿服务领域中的持续探索使笔者在书籍创作、课例开发、服务践行等方面积累了一定的经验;再次，感谢“人工智能 AI 筑梦促成长”服务队、试点小学、幼儿园，在基于 Scratch 的服务践行中不断启发了笔者的创作思路，通过试用、试读，促进本书的完善；最后，感谢创作课题组的每一位成员，没有大家的协同合作，创作是无法完成的。

本书中部分游戏程序已在多所小学、幼儿园进行了试点实践与探索，受到师生及家长的一致认可。作为一本学习 Scratch 计算机编程的书籍,本书特别适合编程入门者使用，也可作为少儿编程、青少年编程相关竞赛的辅助用书。

本书提供了相关教学视频及案例脚本，有需要的读者可通过书中的二维码观看和获取。

编　者

2021 年 11 月

目 录

第一部分 入门知识

第二部分 编程创意

第三部分　开阔眼界

第一部分

入 门 知 识

第1章　Scratch介绍

——“编程魔力王国”是什么

Scratch 是一种图形化编程工具，在“编程魔力王国”中，它可以带领小伙伴们变身为“编程小创客”和“抗疫小勇士”，用学到的编程知识，维护正义、对抗“病毒怪”、保卫家园。通过 Scratch 编程，带领大家走近人工智能。由“彩色积木”系统组成的编程指令已把建模、控制、动画、事件、逻辑、运算、交互性等程序设计所需要的基本技巧囊括其中，能让学习者充分掌握编程的基础知识，培养逻辑思维，提高创新能力和探索能力，逐步成长为“技术小达人”和“未来工程师”。

欢迎来到图 1-1 所示的“编程魔力王国”！在这里不但可以对小伙伴们进行编程能力、编程思维的培养，而且可用 Scratch 提供的积木拖曳编程方式，用色彩鲜艳的程序块变幻出无穷的造型设计、丰富多样的舞台背景；在这里还能学到数学计算、坐标定位、角度方向、键盘使用、鼠标操作等常识，涉及科学、语言、逻辑、美术、音乐等多个学科的知识，激发小伙伴们对编程技能、科学知识、艺术创作的浓厚兴趣，满足求新、求异和求变的个性需要。小伙伴们快来参与吧！

图1-1　Scratch“编程魔力王国”

用 Scratch 进行编程和创作一定会给大家带来全新的体验。Scratch 中自带了素材，也可进行外部素材的导入、自由绘画创作和图形图像处理，可使创作出的作品具有多元性和交互性；同时，借助外观、画笔和声音指令模块，还能扩大创作空间，如图 1-2 所示。在编程过程中，既要考虑旋律、节奏，又要考虑色彩、构图和造型，通过美术与音乐的融合，可以提升艺术创造力和审美能力哦！在这里，还可制作出丰富的游戏项目，若要创作出一款大型游戏项目，小伙伴们可以团队作战、分享交流、分析问题、解决问题、攻克难关，相信大家的团队协作能力、语言沟通表达能力也一定会有提升。

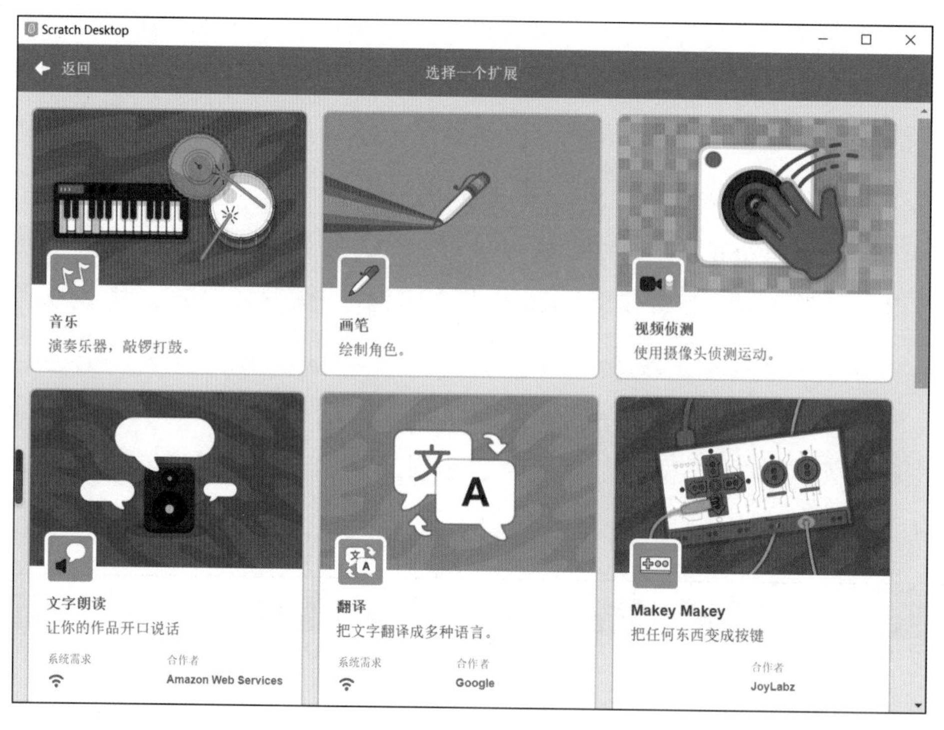

图1-2　创作模块

让我们一起用 Scratch 进行趣味编程，走近人工智能的世界，将想象、创造、娱乐、分享、爱国、抗疫、责任、担当和勇敢进行完美融合吧！

第2章　软 件 安 装

——欢迎来到“编程魔力王国”

初次来到“编程魔力王国”，一定要先带领小伙伴们安装编程工具——Scratch。它的安装简直太容易了，仅需要用鼠标双击图 2-1 所示的程序文件图标即可打开如图 2-2 所示的“安装选项”页面，小伙伴们可以结合个人需要进行选择，再单击“安装”按钮，就可以按图 2-3 所示的步骤进行快速安装了！当最后出现图 2-4 所示的界面时，单击“完成”按钮，就大功告成啦。

图2-1　Scratch安装文件

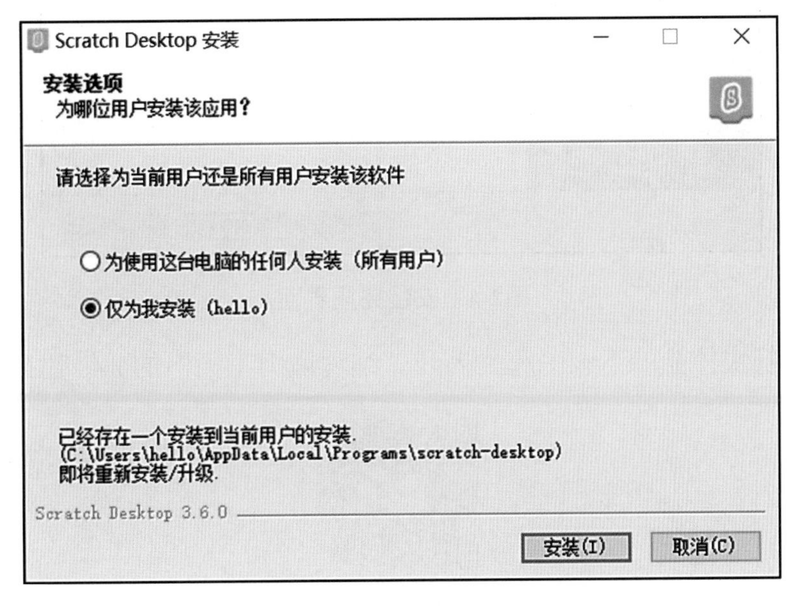

图2-2　开始安装界面

Scratch Desktop 安装
正在安装
Scratch Desktop 正在安装，请等候。
Scratch Desktop 3.6.0
< 上一步(P)　下一步(N) >　取消(C)

图2-3　安装进度界面

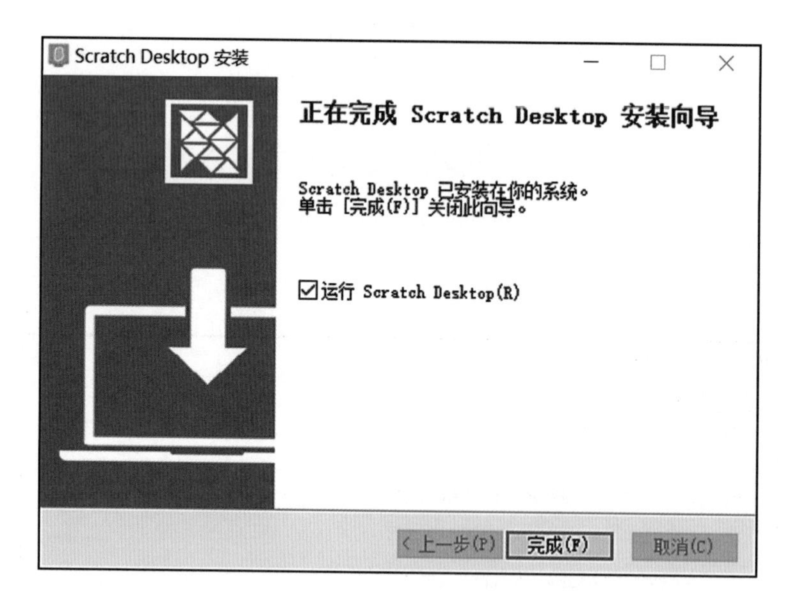

图2-4　安装完成界面

小伙伴们，赶快体验一下，一起去揭开“编程魔力王国”的面纱吧！

视频学习

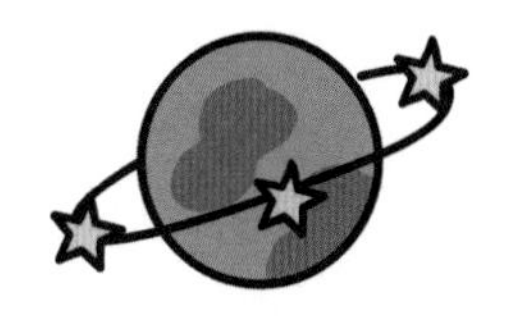

第3章 功 能 区 域

——“编程魔力王国”中的各种超能力

Scratch“编程魔力王国”非常神奇，可以通过各种超能力对万物进行改造！下面，让我们来认识一下这些超能力吧！

Scratch“编程魔力王国”被划分为几个区域，每个区域都拥有独特的功能，如图 3-1 所示。

图3-1 区域划分

1. 菜单区

Scratch 的菜单区主要包括语言版本的切换，新建、打开与保存项目，以及编辑、教程等功能。

（1）语言版本切换。如图 3-2 所示，这里提供了世界各地的多种语言，可以让各个国家的“抗疫小勇士”（“编程小创客”）用各自擅长的语言进行创作体验。

（2）“新建项目”。如图 3-3 和图 3-4 所示，单击文件，再单击新作品，可以创建一个全新项目，以供大家创作。

图3-2　语言版本切换

图3-3　文件菜单

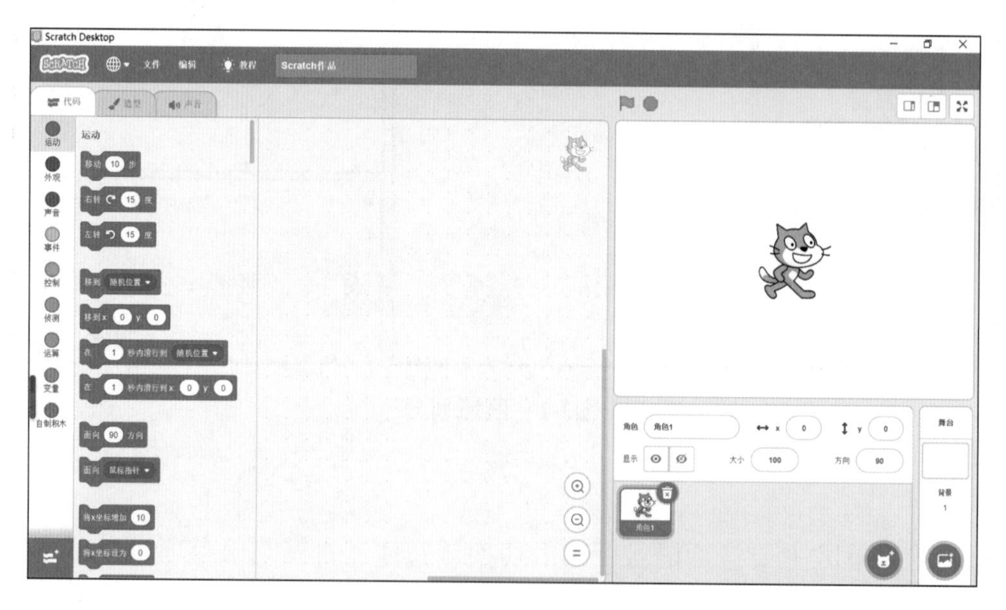

图3-4　创建的全新项目

（3）从电脑中上传。如图 3-3 所示，单击**文件**，再单击**从电脑中上传**，可以从自己的电脑中打开“已保存的作品”，如图 3-5 所示。

（4）保存到电脑。单击**文件**，再单击**保存到电脑**，可以把当前创作的项目保存到自己的电脑，以备后续创作或分享给其他小伙伴，如图 3-6 所示。

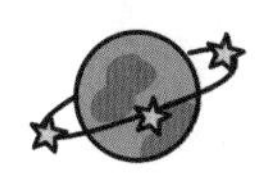

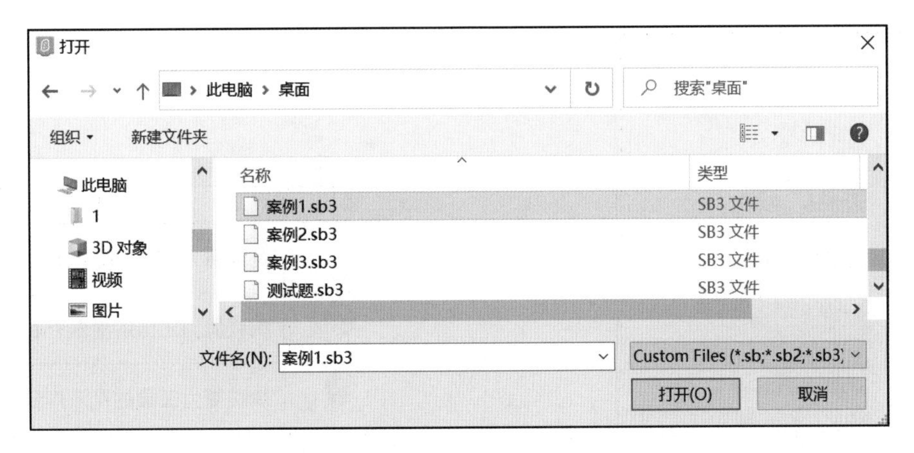

图3-5　打开自己电脑上的作品

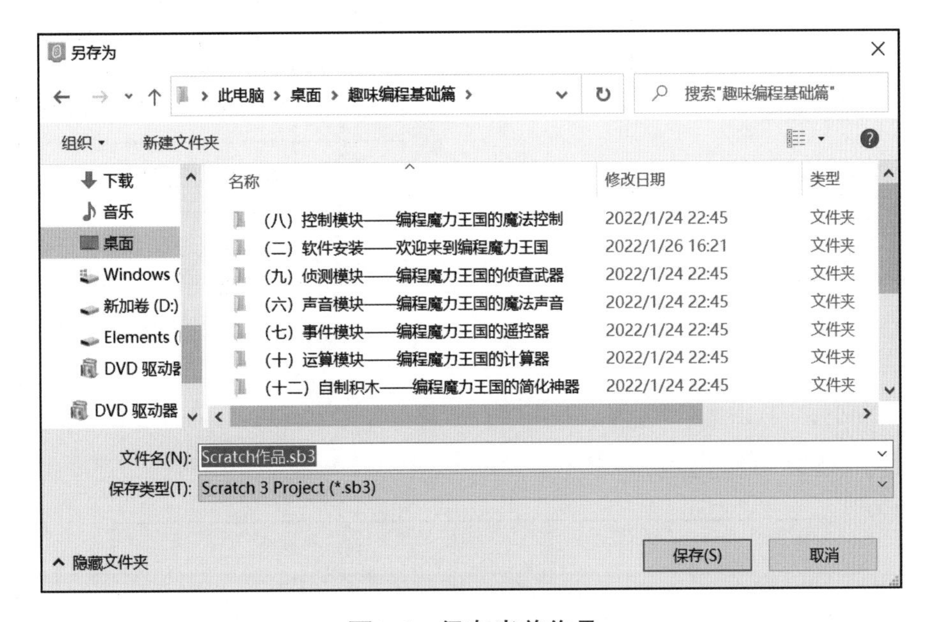

图3-6　保存当前作品

2. 指令区

指令区包含“代码”“造型”“声音”3 个选项卡。可以让“编程魔力王国”充满更加丰富的动作、造型和声音。

（1）“代码”选项卡：用于协助发布积木块代码指令，让动作丰富生动，如图 3-7 和图 3-8 所示。

（2）“造型”选项卡：用于协助管理“角色”的多种造型，让形态多种多样。角色是由一张或多张图片构成的，所以造型实质就是角色的图片。

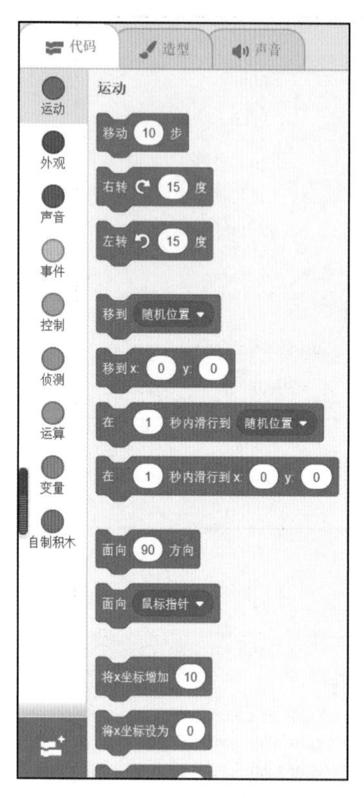

图3-7 “代码”选项卡

模块	功　能
运动	编程魔力王国的动力源泉
外观	编程魔力王国的魔法外衣
声音	编程魔力王国的魔法声音
事件	编程魔力王国的遥控器
控制	编程魔力王国的魔法控制
侦测	编程魔力王国的侦查密码
运算	编程魔力王国的计算器
变量	编程魔力王国的百变记忆力

图3-8 常用模块的功能

如图 3-9 所示，单击或，可以打开 Scratch“编程魔力王国”中的造型宝库，如图 3-10 所示。在此可任选造型。

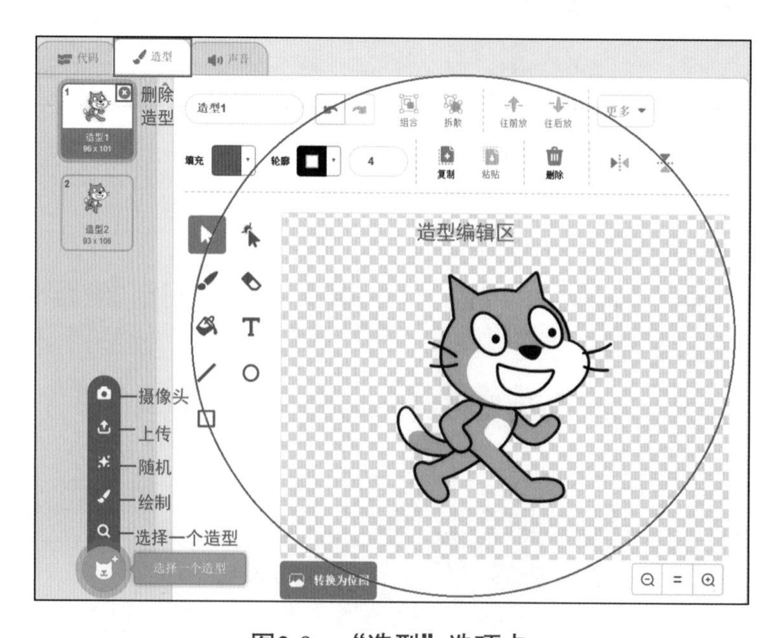

图3-9 “造型”选项卡

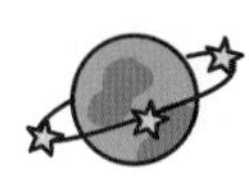

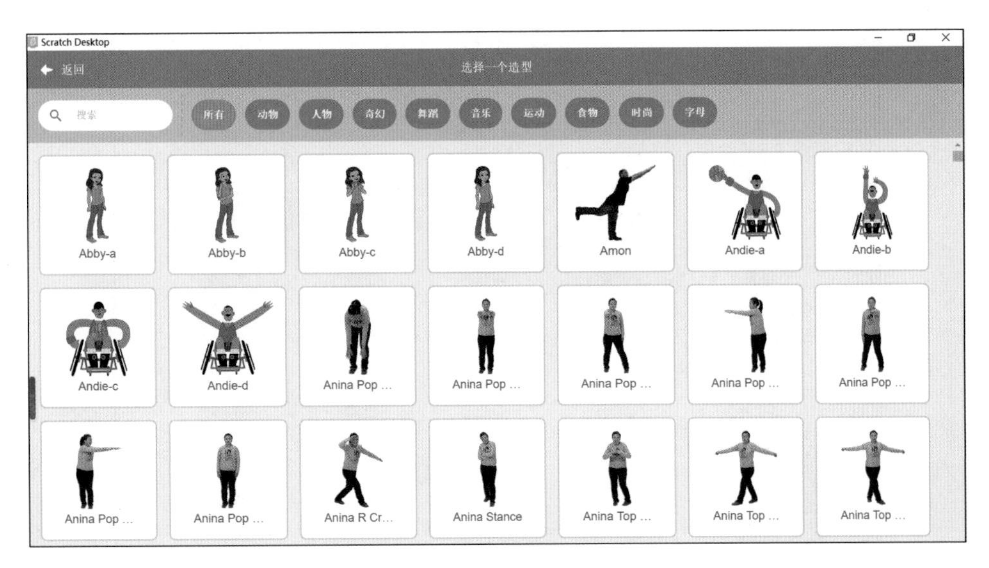

图3-10　造型宝库

如图 3-9 所示，单击，可以自己绘制新造型；单击，可以添加随机选择的造型；单击,可以从自己的电脑中上传 Scratch“编程魔力王国”之外的造型；如图 3-11 所示，单击，还可以将摄像头拍摄出来的照片作为造型，快来创作喜欢的造型吧！

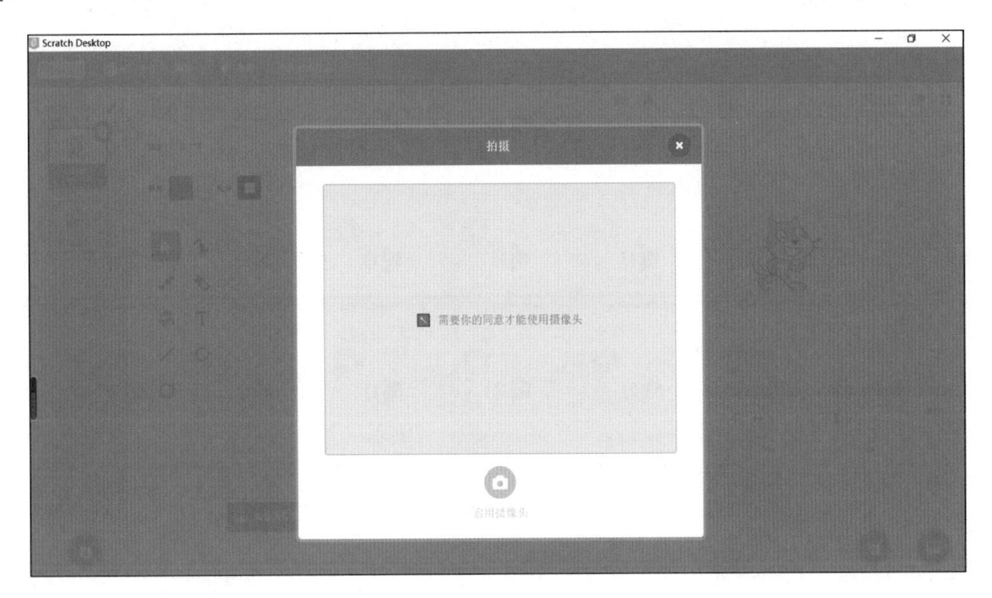

图3-11　拍摄图片功能

（3）“声音”选项卡：可以进行声音的设置与录制，让声音变得动听。

如图 3-12 所示，单击或，可以打开 Scratch“编程魔力王国”中的声音宝库，如图 3-13 所示。在此可任选声音。是不是很神奇？赶快选择一段喜欢的音乐听一听吧，在这里还能对它们进行各种设置哦！

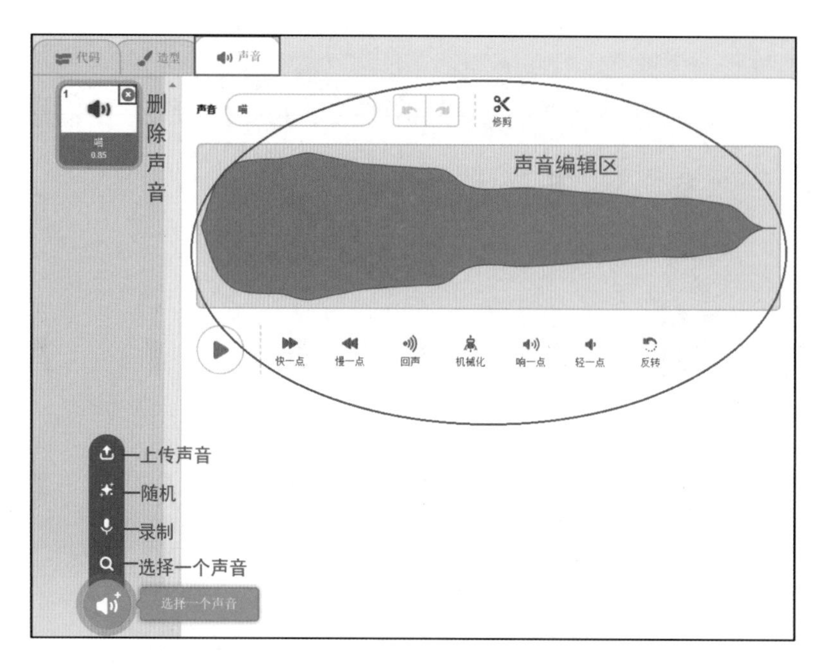

图3-12　声音部分

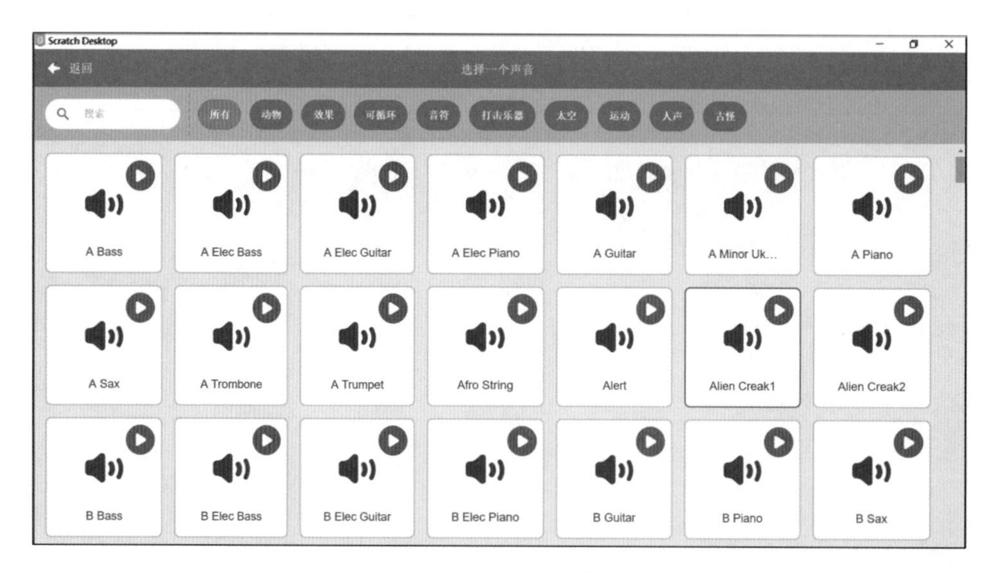

图3-13　声音宝库

如图 3-12 所示，单击🎤，可以录制个性化的声音，比如录制自己演唱的歌曲；单击✨，可以添加随机选择的声音；单击⬆，可以从自己的电脑中上传 Scratch“编程魔力王国”之外的声音，快来体验一下吧。

3. 添加扩展模块

添加扩展模块可以进行更神奇的创作，如图 3-14 所示。在此可通过“音乐”模块创

作乐器演奏效果；通过“画笔”模块绘制创作画面；通过“视频侦测”模块可以用摄像头侦测运行，创作人机互动游戏；通过“文字朗读”模块让我们的程序开口说话；通过“翻译”模块让我们进行语言翻译体验；等等。添加扩展模块让“编程魔力王国”超能力十足！

图3-14　添加扩展模块

4. 脚本区

脚本区是“编程魔力王国”最关键的创作区，如图3-15所示。通过它，可以将丰富的想象变为现实！

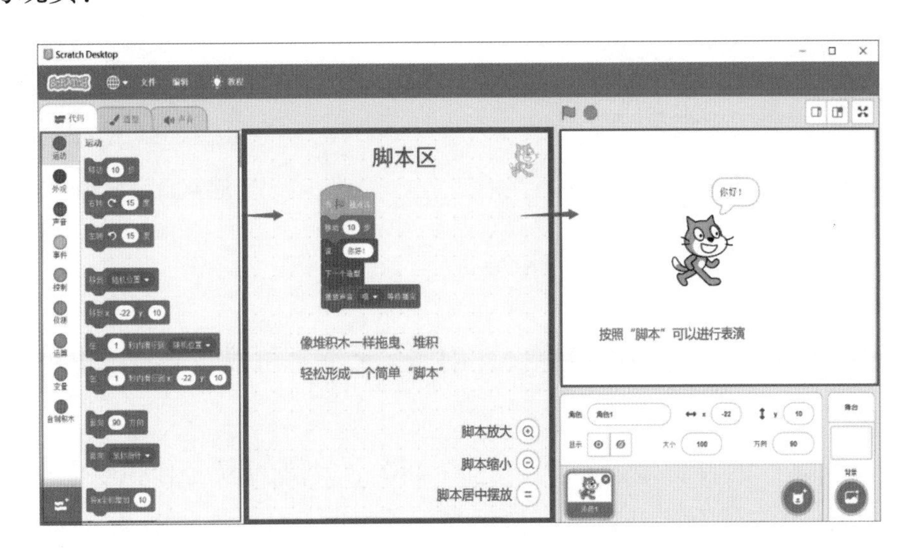

图3-15　脚本区

下面，一起来进行脚本创作吧！

- 在指令区的“代码”选项卡中，用鼠标左键按住任意一个积木块（实质为程序块）并拖曳至脚本区松开。
- 当两个积木块进行拼接时，需要将凹槽部分对齐，如图 3-16 所示。注意，若没有凹槽则无法拼接哦！
- 当两个积木块需要分开时，只需把下方积木块往下拖动即可。
- 有的积木块支持内容修改、输入或者插入其他积木块，可以进行灵活创作，如图 3-17~ 图 3-19 所示。
- 有的积木块支持多种内容选择，可以结合设计灵活选取，如图 3-20 所示。
- 当想要删除或者丢弃一个或多个积木块时，只需要用鼠标将积木块拖曳至左侧“代码”选项卡中即可。

图3-16　凹槽拼接

图3-17　内容修改与输入

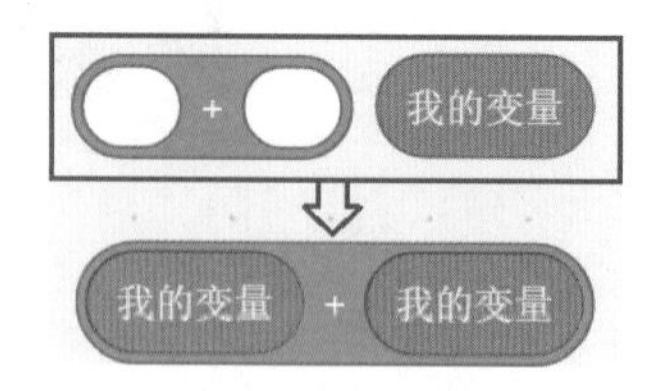

图3-18　插入其他积木块

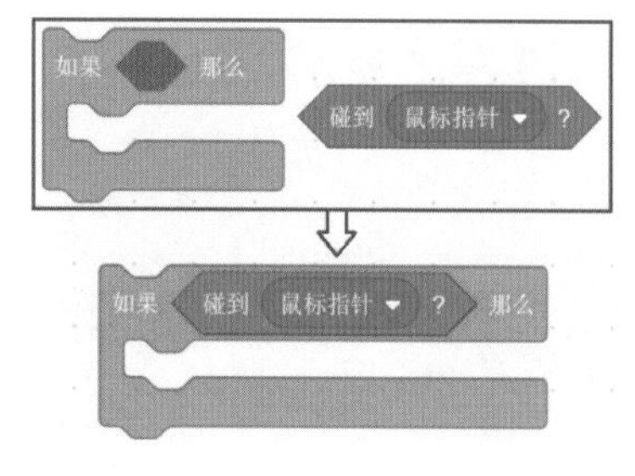

图3-19　积木块的拼接

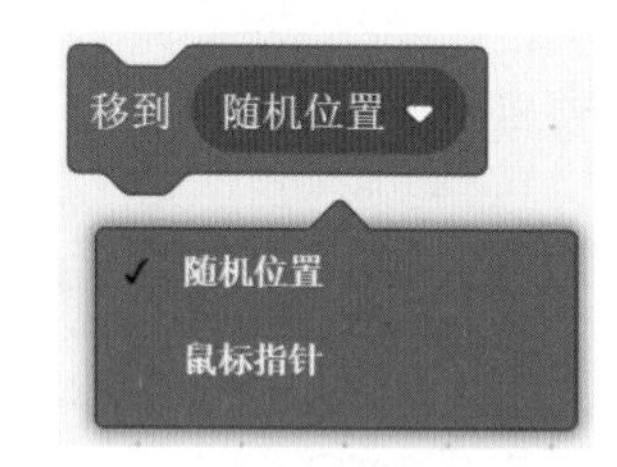

图3-20　多种选项

5. 舞台区

在“编程魔力王国”中进行的所有设计创作，最终都可以在舞台区中进行表演展示，如图 3-21 所示。

“编程魔力王国”的舞台学问很大，它由 480 个单位的宽度和 360 个单位的高度构成，为了更清楚地表示舞台中角色的准确位置，如图 3-22 所示，用（x，y）坐标进行位置标识，其中横向为 x 轴，纵向为 y 轴，每个位置都可以用（x，y）坐标精准标注，比如 A 点的坐标就可以表示为（120，90）。

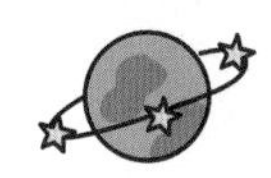

图3-21　舞台区

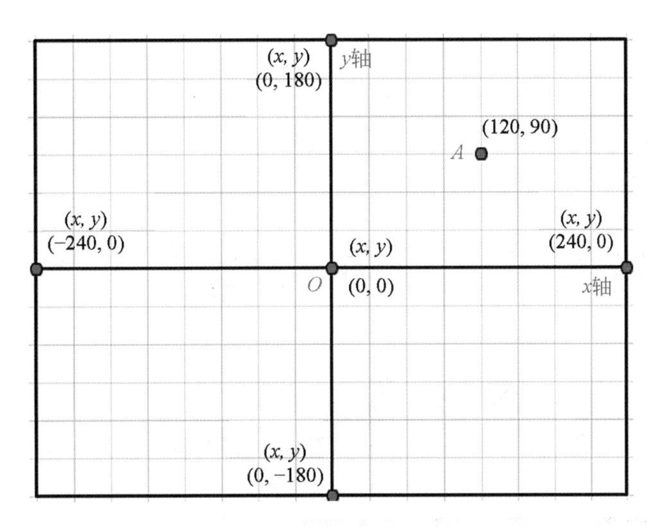

图3-22　舞台区的坐标

坐　　标

在数学上，坐标的实质是一个有序数对（x, y）；在平面中用于表示某个点的具体位置，中心点（0，0）称为原点，常用 O 表示。

6. 背景区

舞台可以由一张或多张图片构成，背景实质就是舞台的图片，所以图 3-23 所示的背景区可以帮助舞台区添加一张或者多张背景图片，让舞台区变幻无穷。

如图 3-24 所示，单击或，可以打开 Scratch“编程魔力王国”中的背景宝库，如图 3-25 所示。在其中可任意选择背景图片。

图3-23　背景区

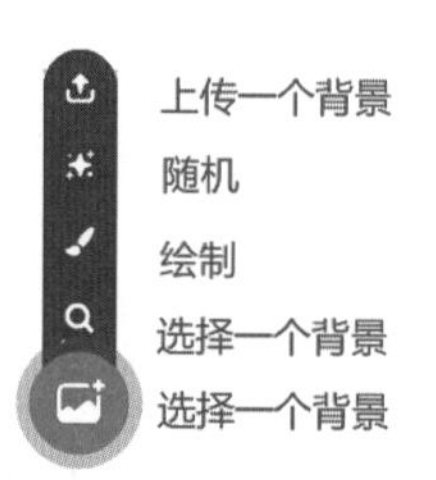

图3-24　背景区的操作

图3-25　背景宝库

如图 3-24 所示，单击，可以绘制个性化的新背景，如图 3-26 所示。单击，可以添加随机选择的背景，如图 3-27 所示。单击，可以从自己的电脑上传 Scratch“编程魔力王国”之外的图片作为背景，从而创作出百变舞台哦！

舞台背景也可以进行丰富创作，如图 3-28 所示。单击“背景”也可以进行代码声音的设置，但是要注意，“代码”选项卡中的“运动”模块不能使用，其他都是可以任意创作的。

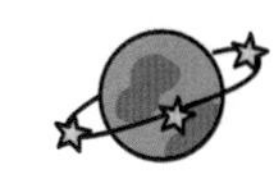

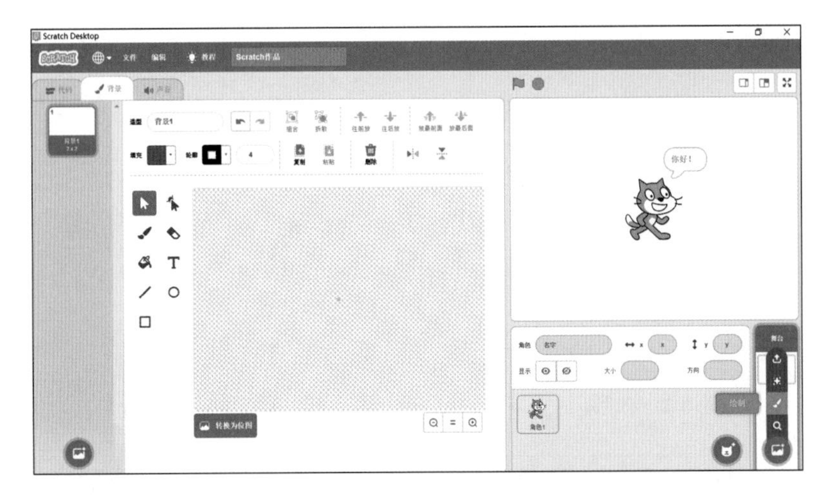

图3-26　绘制个性化新背景

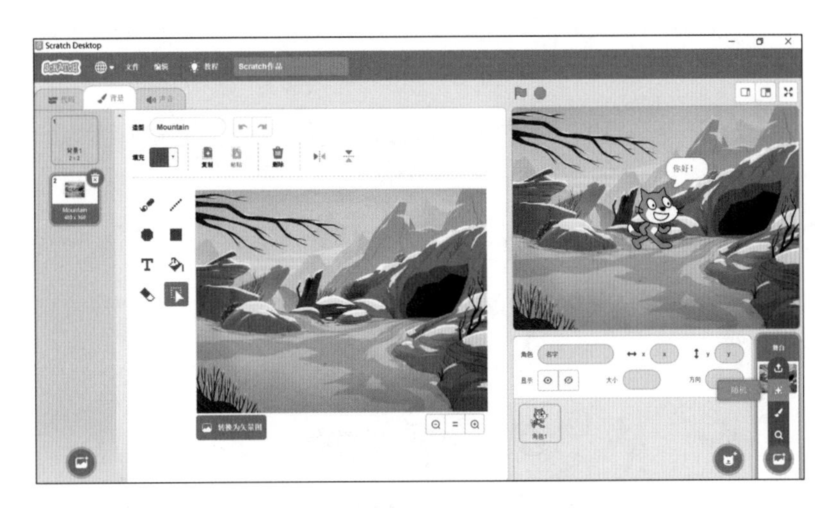

图3-27　添加随机选择的背景

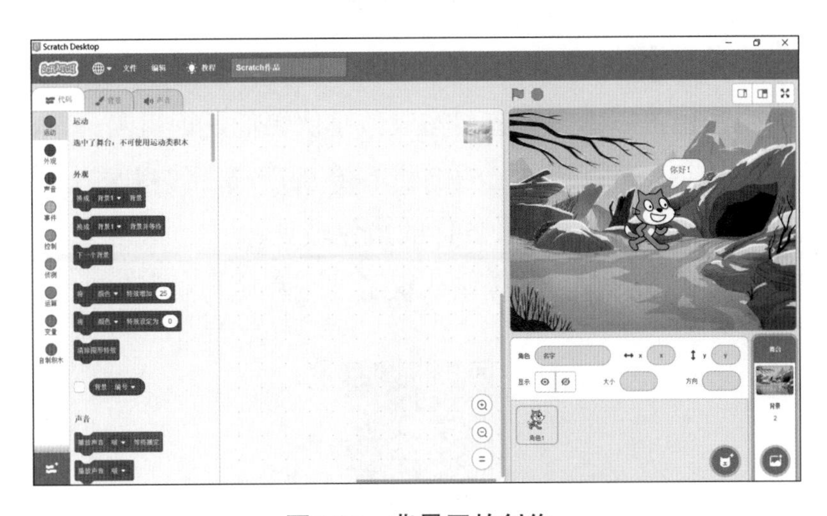

图3-28　背景区的创作

7. 角色区

角色区可以为“编程魔力王国”添加各种角色，还可以进行角色名称、x 坐标、y 坐标、大小、方向、显示、隐藏的设置，如图 3-29 所示。

如图 3-30 所示，单击或，可以打开 Scratch“编程魔力王国”中的角色宝库，如图 3-31 所示。在其中可任意选择角色的图片。

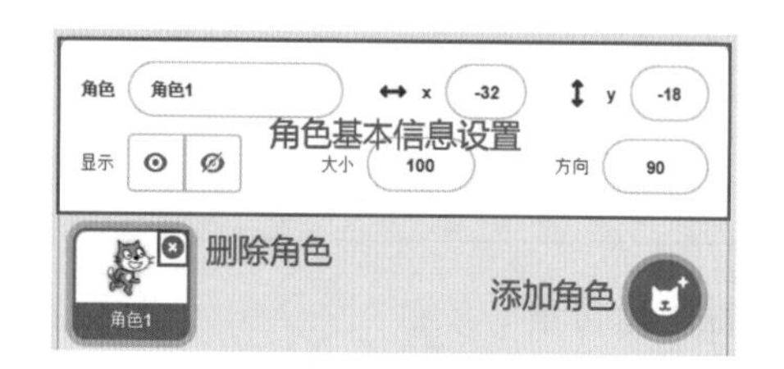

图3-29　角色区

图3-30　角色区的操作

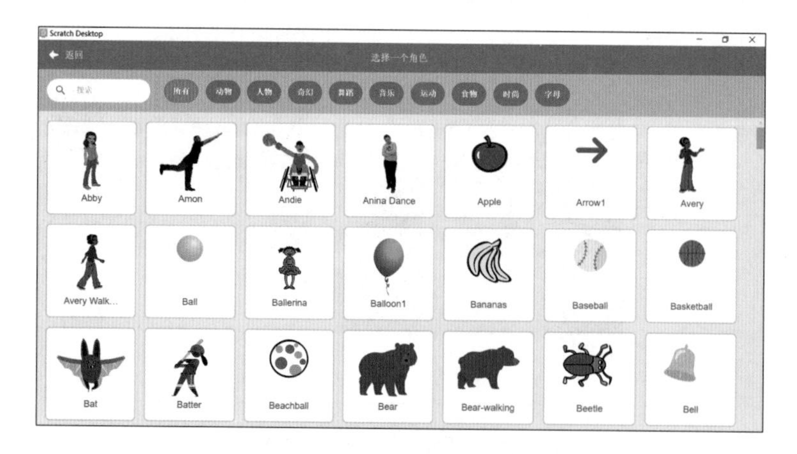

图3-31　角色宝库

如图 3-30 所示，单击，可以绘制个性化新角色，这里绘制的角色与前文中绘制造型差不多，因为一个角色可以由多个造型构成，小伙伴们还记得吗？单击，可以添加随机选择的角色；单击，可以从自己的电脑上传 Scratch“编程魔力王国”之外的图片作为角色。当然也可以自己创作出各种各样的角色哦！

现在通过功能模块的学习，大家应该认识了“编程魔力王国”中的各种超能力，赶快动手试试吧！

视频学习

第4章 “运动”模块

——“编程魔力王国”的动力源泉

“病毒怪”来到了“编程魔力王国”搞破坏，让我们一起看看它的真面孔吧！

首先，构建城市家园，效果如图 4-1 所示。图 4-2 为添加舞台背景可用的图片。

图4-1 舞台背景效果

图4-2 添加舞台背景

“病毒怪”角色的效果如图 4-3 所示。图 4-4 所示为可添加的“病毒怪”角色，从中选中两个“病毒怪”角色进行添加。

图4-3　添加了“病毒怪”角色的效果

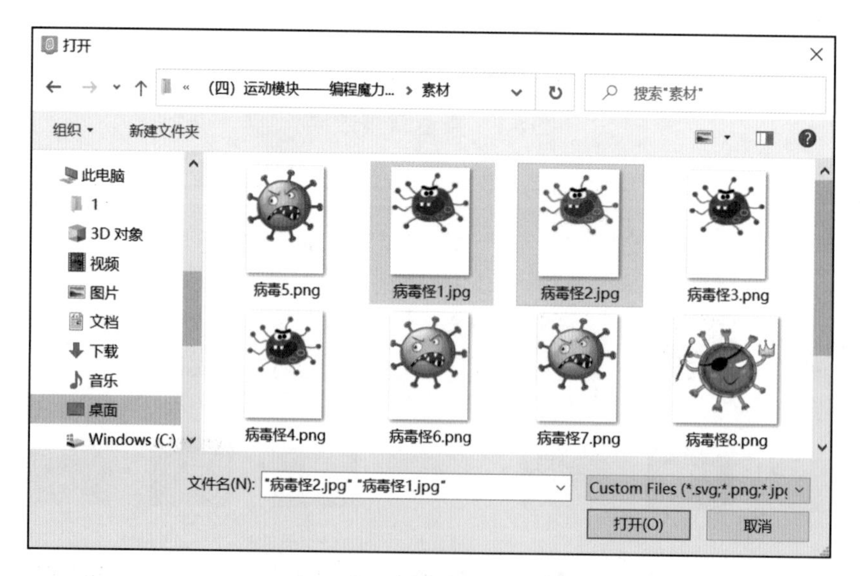

图4-4　添加“病毒怪”角色

如图 4-5 所示,“运动”模块是“编程魔力王国”的动力源泉,它可以让角色移动起来,

使之具有行动超能力。

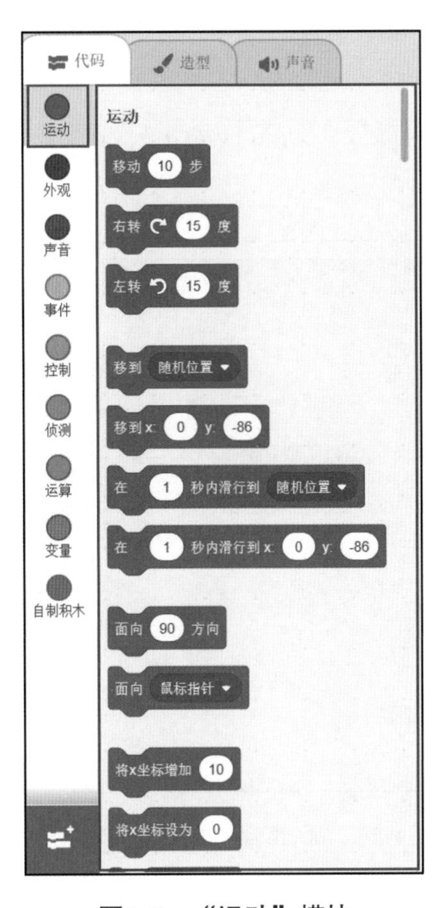

图4-5 “运动”模块

1. 让“病毒怪”移动 N 步

【角色区】

设置“病毒怪”的 x 轴坐标为 0，y 坐标为任意值，如图 4-6 所示；设置“病毒怪 1”的 x 坐标为 0，y 坐标为任意值，如图 4-7 所示；再选中任意一只“病毒怪”进行设置，另一只“病毒怪 1”不做设置，用于二者效果对比。

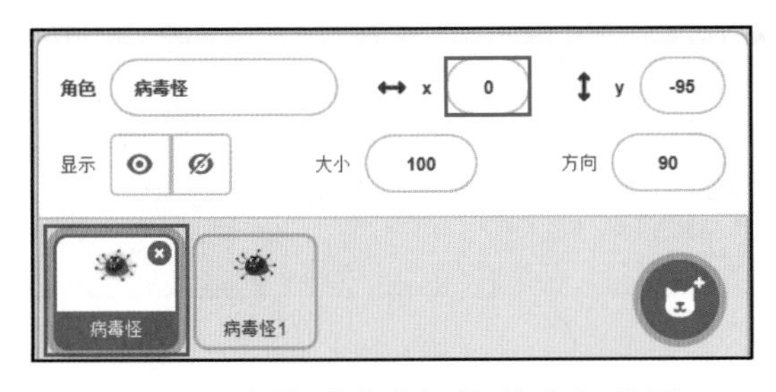

图4-6 设置“病毒怪”的坐标位置

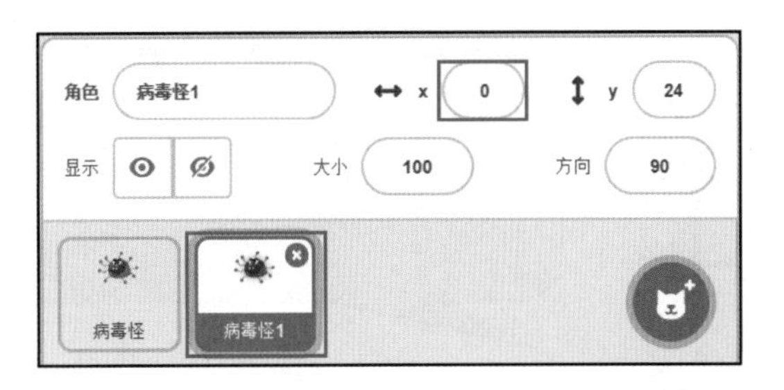

图4-7 设置“病毒怪1”的坐标位置

【脚本区】

从指令区“代码”选项卡的“运动”模块中拖曳 移动 10 步 至脚本区。

【效果】

单击 移动 10 步，可以看到“病毒怪”向右移动了一小段距离。x 坐标由 0 变为了 10，如图 4-8 所示。

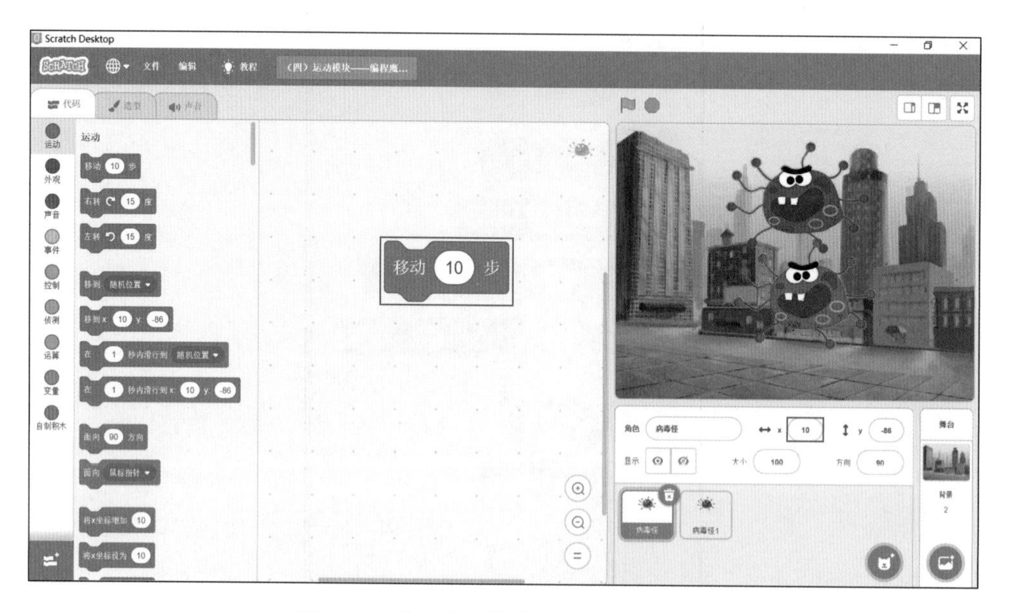

图4-8 “病毒怪”向右移动了10步

探索

（1）修改 移动 10 步 中的“10”为“100”，再次单击 移动 100 步，有什么新发现呢？

（2）修改 移动 10 步 中的“10”为“-10”，再次单击 移动 -10 步，又有什么新发现呢？

速　　度

在物理学中，通常用速度来表示物体运动的快慢和方向。速度的大小等于物体运动的位移与发生这段位移所用时间的比值。

2. 让“病毒怪”右转和左转 *N* 度

【角色区】

设置“病毒怪”的 x 轴坐标为 0，y 坐标为任意值；设置“病毒怪 1”的 x 坐标为 0，y 坐标为任意值；再选中任意一只“病毒怪”进行设置。

【脚本区】

从指令区“代码”选项卡的“运动”模块中拖曳 右转 ↻ 15 度 至脚本区。

【效果】

单击 右转 ↻ 15 度，可以看到“病毒怪”真的“顺时针”旋转了 15 度！“方向”由 90 变为了 105，如图 4-9 所示。

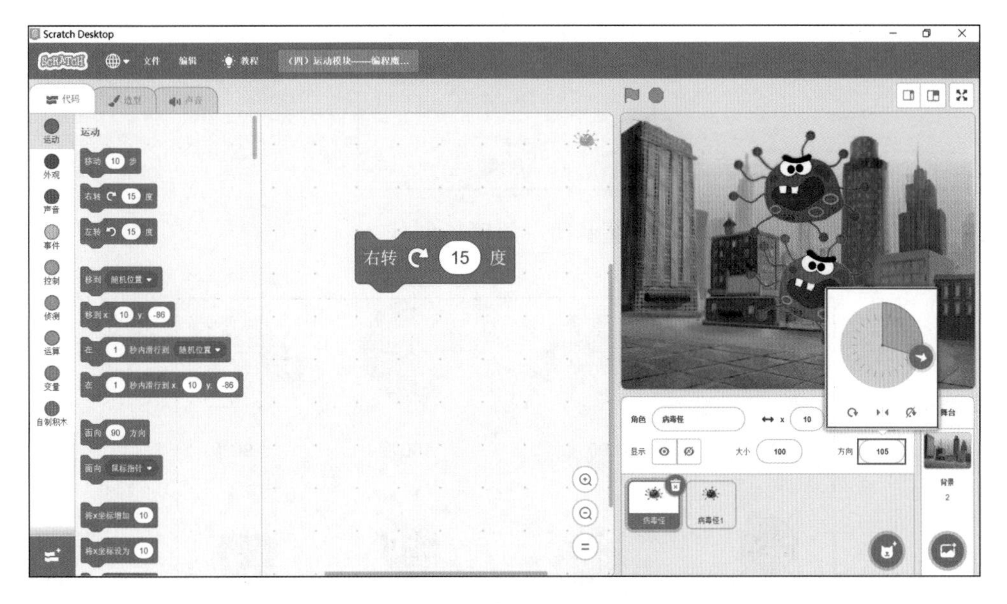

图4-9 “病毒怪”右转15度

探索

（1）请修改 右转 ↻ 15 度 中的“15”为“45”，再次单击 右转 ↻ 45 度，有什么新发现呢？

（2）请修改 右转 ↻ 15 度 中的“15”为“-15”，再次单击 右转 ↻ -15 度，又有什么新发现呢？它与 左转 ↺ 15 度 又有什么关系呢？

角　　度

在数学中，角度是用来度量角的单位，用符号“°”表示。1 周角为 360 度（360°），将其分为 360 等份，每份定义为 1 度（1°）。如图 4-10 所示，当前 Scratch 中的每个区间代表 15 度；随着角度的变化，“角色”的面向方向也会发生变化，如图 4-11 所示。

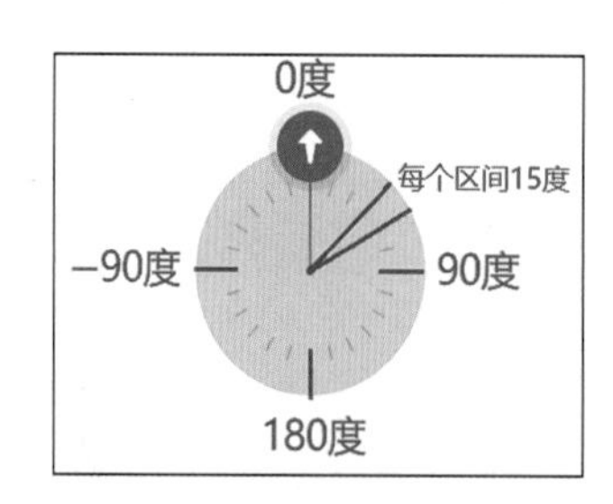

图4-10　角度的划分

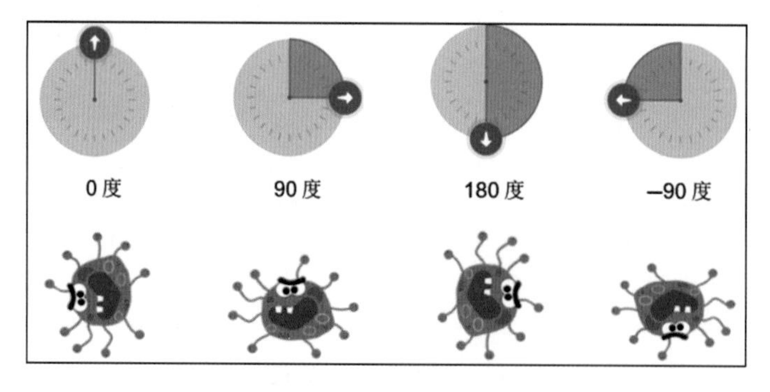

图4-11　角度的变化

3. 将“病毒怪”移到随机位置、鼠标指针位置和其他角色的位置

【角色区】

设置“病毒怪”的 x 坐标为 0，y 坐标为任意值；设置“病毒怪 1”的 x 坐标为 0，y 坐标为任意值；再选中“病毒怪”进行设置。

【脚本区】

从指令区“代码”选项卡的“运动”模块中拖曳 移到 随机位置 至脚本区。

【效果】

单击 移到 随机位置，可以看到“病毒怪”移动到了任意位置（即随机位置），如图 4-12

所示。

图4-12 将橘红色的“病毒怪”移到随机位置

探索

（1）如果想让两只“病毒怪”都移动到随机位置该如何操作呢？

① 我们可能最先想到的方法是对另一只“病毒怪”进行与前面同样的操作。这个方法没错，但是还有没有其他更简单且不容易出错的方法呢？让“病毒怪 1”也拥有相同的脚本，可以选中“病毒怪”脚本区的 移到 随机位置 ，并移动到角色区的“病毒怪 1”上；当“病毒怪 1”出现摆动时，再松开鼠标左键；这时单击“病毒怪 1”角色，是不是看到相同的脚本被复制给了它呢？

② 新问题出现了，由于鼠标无法同时单击两只“病毒怪”的脚本，因此还是不能让它们同时移动呀！这就需要使用“事件”模块了，从指令区“代码”选项卡的“事件”模块中拖曳 当 被点击 至脚本区，如图 4-13 和图 4-14 所示。

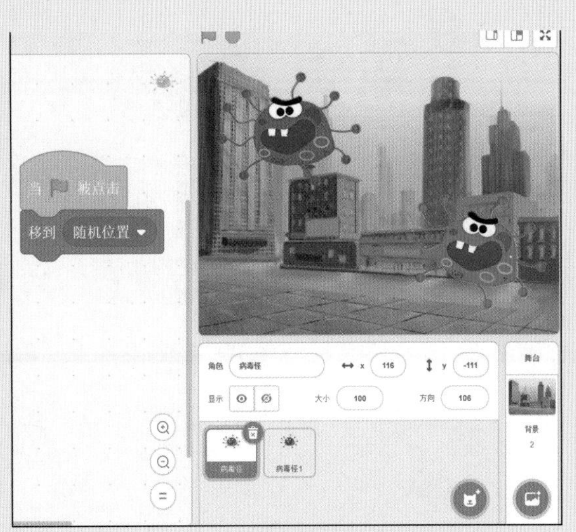

图4-13 “病毒怪”程序

③ 此时单击舞台区中的，即可实现两只“病毒怪”同时移到随机位置，如图 4-15 所示。“事件”模块的详细讲解请参见第 7 章。

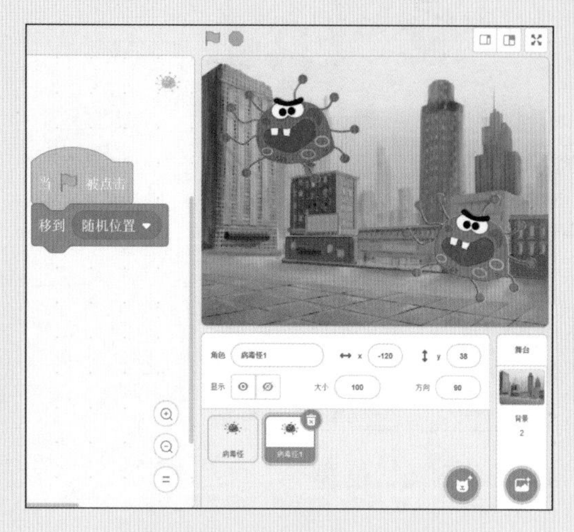

图4-14 “病毒怪1”程序

图4-15 “病毒怪”同时移到随机位置

（2）能否让“病毒怪”跟随鼠标移动呢？

① 以“病毒怪”为例，在“病毒怪”的“脚本区”单击 移到 随机位置 中的 随机位置，可将其打开，如图 4-16 所示，然后选中 鼠标指针。

② 再使用“控制”模块，从指令区“代码”选项卡的“控制”模块中拖曳 重复执行 至脚本区，可实现该“积木块”内的 移到 鼠标指针 无限次重复执行，如图 4-17 所示。

图4-16 移到鼠标指针

图4-17 拼接积木块

③ 单击舞台区的，可实现“病毒怪”跟随鼠标的灵活移动，如图 4-18 所示。此外，“控制”模块的详细讲解请参见第 8 章。

（3）将“病毒怪”移动到如图 4-16 所示的 移到 病毒怪1 位置，后面的操作请自己探索一下吧！

图4-18 “病毒怪”跟随鼠标移动

4. 综合训练 1

在学习了前面几项功能后，已经具备了很多超能力，对于如图 4-19 所示的积木块也很容易理解和掌握了。下面，让我们一起进行小游戏创作，巩固一下自己的超能力吧！

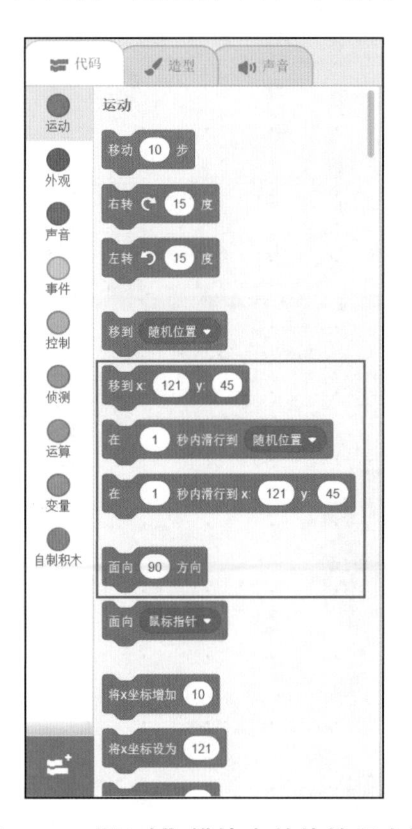

图4-19 “运动”模块中其他的积木块

游 戏 场 景

两只“病毒怪”在四处游荡，当它们碰到了“医生”的“针头武器”后，便被打败了，最终摔在地上。

【角色区】

如图 4-20 和图 4-21 所示，从自己的电脑中上传“医生”图片，作为新添加的“医生”角色。为了方便与“病毒怪”战斗，修改“医生”角色的大小，如图 4-22 所示。把“医生”角色拖到舞台区右下角的位置，如图 4-23 所示。请用超能力把“病毒怪”也缩小一点吧！

图4-20　“医生”角色

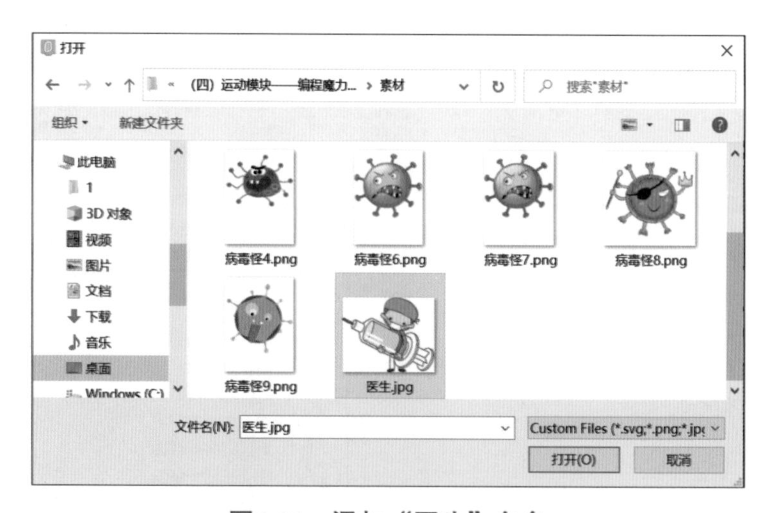

图4-21　添加“医生”角色

图4-22　修改“医生”角色的大小

图4-23　移动“医生”角色的位置

修改后如图 4-24 和图 4-25 所示。

图4-24　缩小“病毒怪”

图4-25　缩小“病毒怪1”

【脚本区】

在此，以“病毒怪”为例进行设置。从指令区“代码”选项卡的“运动”模块中拖曳多个“积木块”代码指令至脚本区。从指令区“代码”选项卡的“事件”模块中拖曳至脚本区，代码如图 4-26 所示。下面，请让“病毒怪 1”也拥有相同的代码吧！设置后“病毒怪 1”的代码如图 4-27 所示。

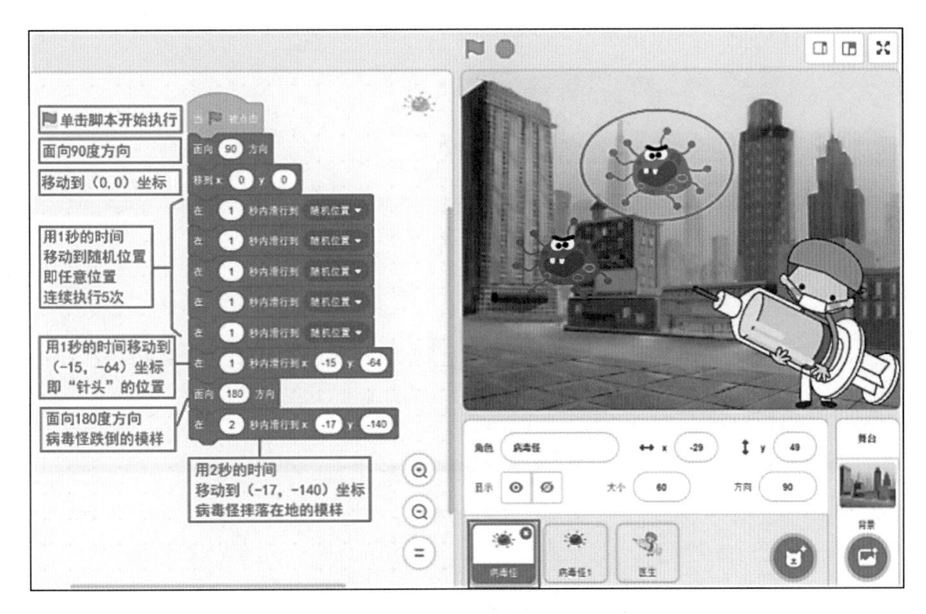

图4-26　“病毒怪”的代码

小游戏完成了，快来单击舞台区的，体验一下吧。

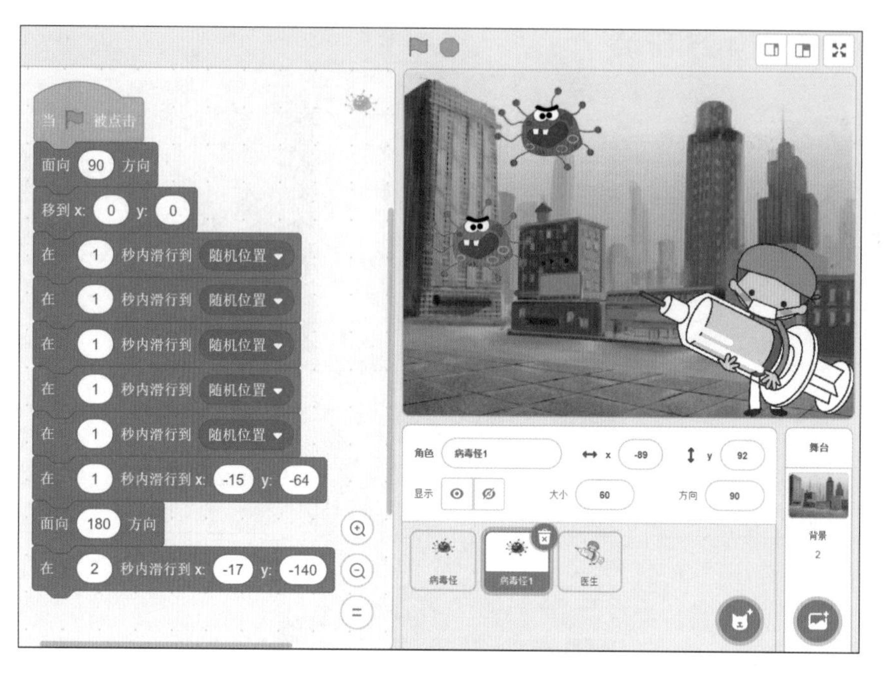

图4-27 “病毒怪1”的代码

两只“病毒怪”能同时触碰到“医生”的“针头武器”吗？两只“病毒怪”被打败后，又能否摔在地面的不同位置呢？请动手探索一下吧！

5. 综合训练 2

通过上面小游戏的创作，是不是很有成就感呢！下面让我们再创作一款小游戏，来探索图 4-28 所示的超能力吧。

游 戏 场 景

4 只“病毒怪”闯入太空，它们首先聚集在一起开了一个小会，随后重新排列队形，分头游逛，结果四处碰壁！最终还是被控制住了！

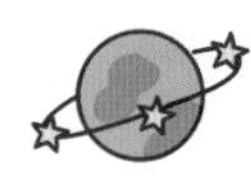

1）游戏情节 1：4 只“病毒怪”闯入太空

【背景区】

首先构建太空场景，添加如图 4-29 和图 4-30 所示的舞台背景。

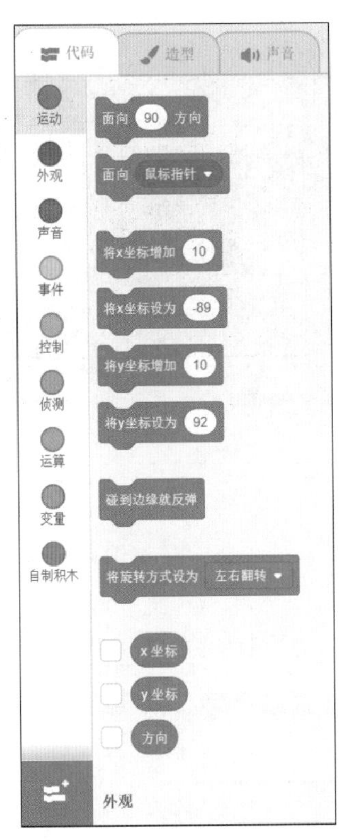

图4-28 “运动”模块中其他的积木块

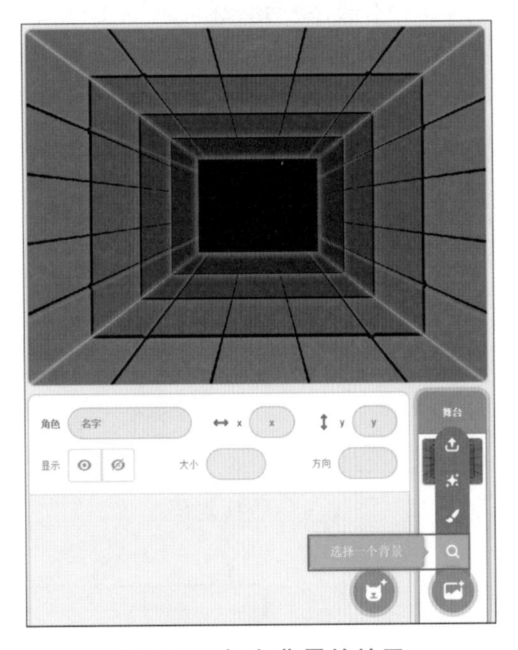

图4-29 舞台背景的效果

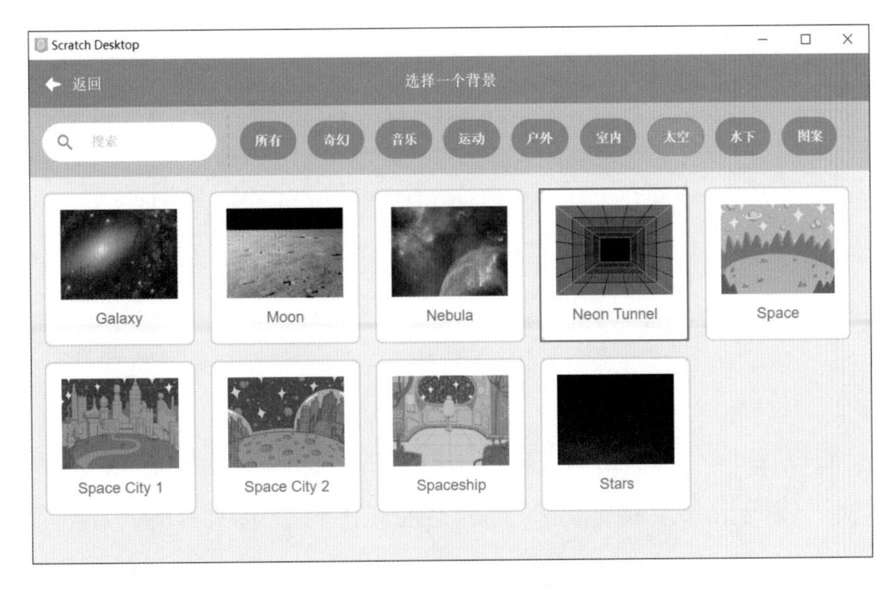

图4-30 添加舞台背景

【角色区】

参照图 4-31 和图 4-32 添加“病毒怪”角色。为了便于识别，给“病毒怪”分别起名“病毒怪 1”“病毒怪 2”“病毒怪 3”和“病毒怪 4”，如图 4-33 所示。

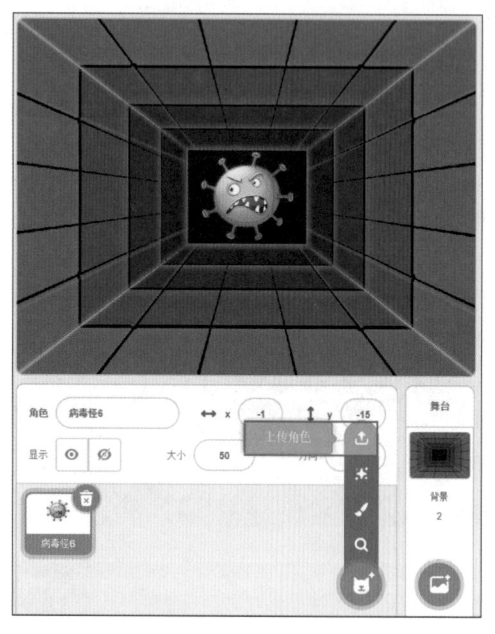

图4-31　添加角色“病毒怪”（1只）

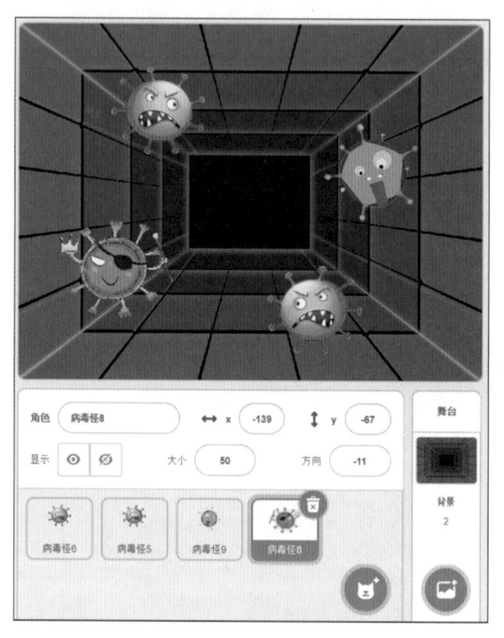

图4-32　添加角色“病毒怪”（多只）

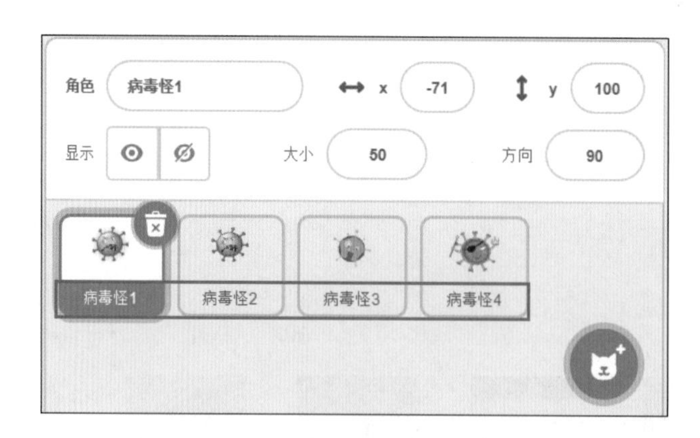

图4-33　给“病毒怪”起名

2）游戏情节 2：4 只“病毒怪”首先聚集在（0，0）点开了一个小会

【脚本区】

在此，以“病毒怪 1”为例进行设置。从指令区“代码”选项卡的“运动”模块中拖曳多个“积木块”代码指令至脚本区。从指令区“代码”选项卡的“事件”模块中拖曳 至脚本区，代码如图 4-34 所示。下面，请让其他“病毒怪”也拥有相同的脚本吧！

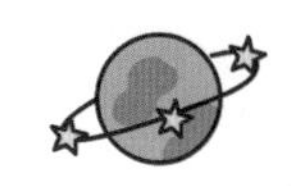

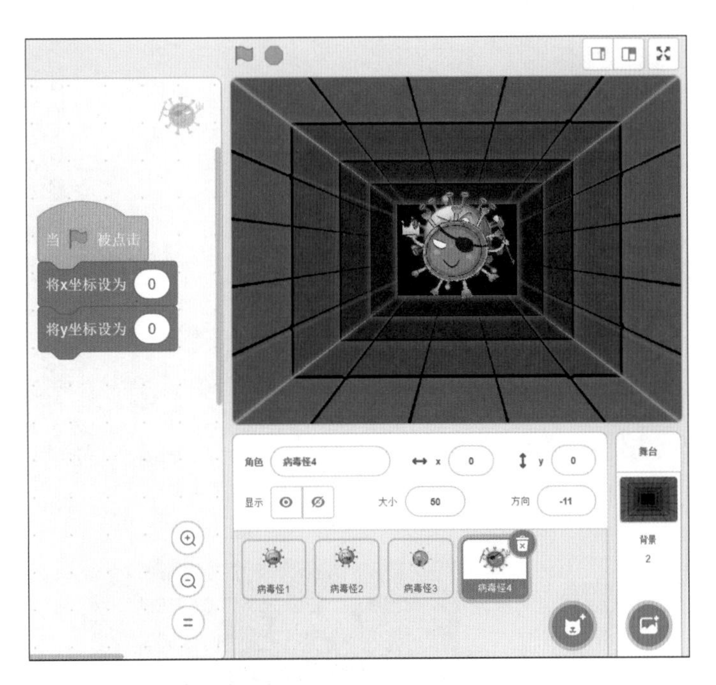

图4-34　拖曳程序模块

3）游戏情节 3：4 只“病毒怪”散会后，重新排列队形

【脚本区】

在此，以“病毒怪 1”为例进行设置。从指令区“代码”选项卡的“控制”模块中拖曳至脚本区，并修改 1 为 5，代表“等待 5 秒”后再执行下一个“积木块”。从指令区“代码”选项卡的“运动”模块中拖曳多个“积木块”代码指令至脚本区，并与图 4-34 中的“积木块”拼接到一起。下面，请让其他“病毒怪”也拥有“相同”的脚本吧！设置完成后如图 4-35~图4-39 所示。

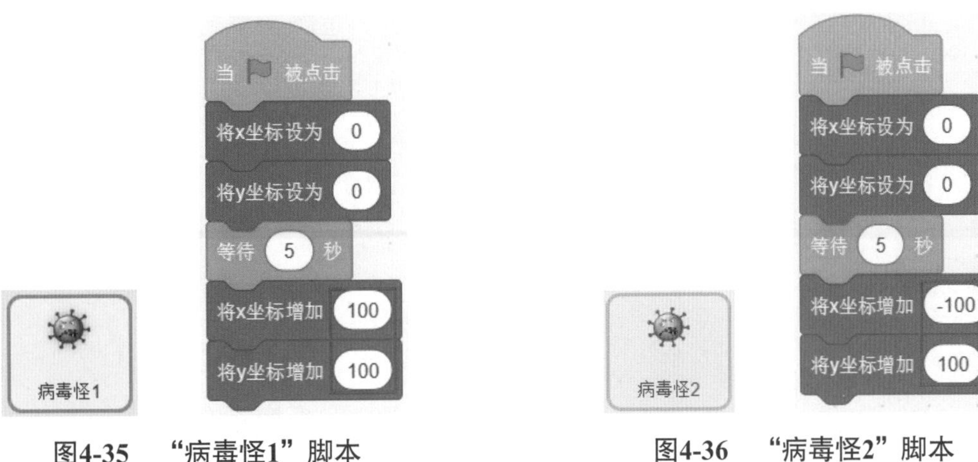

图4-35　“病毒怪1”脚本　　　　图4-36　“病毒怪2”脚本

图4-37　“病毒怪3”脚本

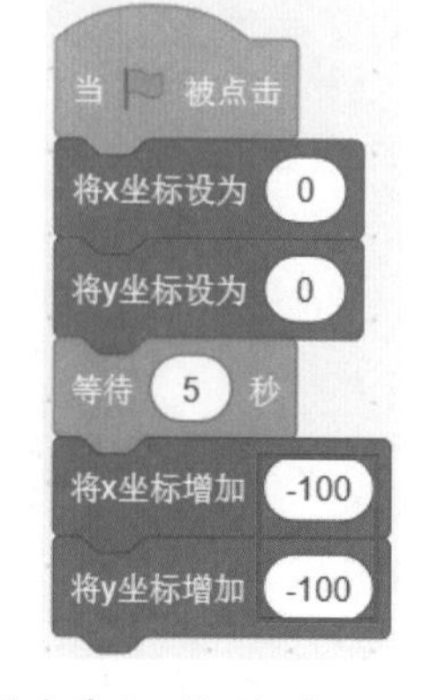

图4-38　“病毒怪4”脚本

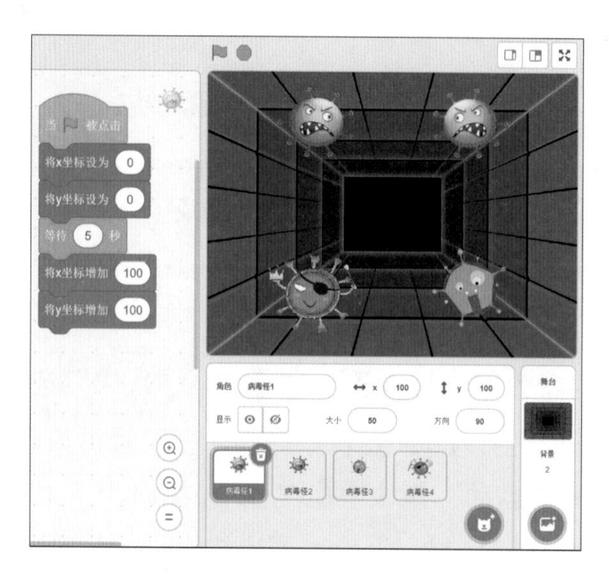

图4-39　完整的脚本场景

请注意，这4只“病毒怪”脚本能完全相同吗？请把原因讲给其他小伙伴吧！

思考

4）游戏情节4：4只“病毒怪”在新队形排列好后，分头游逛，左右来回运动，但四处碰壁

【脚本区】

下面，以“病毒怪1”为例进行设置。从指令区“代码”选项卡的“控制”模块中拖

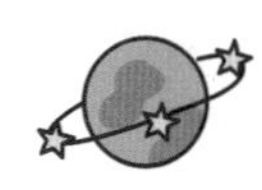

曳 等待 1 秒 至脚本区，并修改 1 为 5。从指令区“代码”选项卡的“运动”模块中拖曳 移动 10 步 至脚本区，代表“病毒怪 1”会移动 10 步，如图 4-40 所示。如何让“病毒怪 1”能够始终行走呢？为了让“病毒怪 1”始终移动，从指令区“代码”选项卡的“控制”模块中拖曳 重复执行 至脚本区，如图 4-41 所示。新问题出现了！如何让“病毒怪 1”碰到“舞台区”

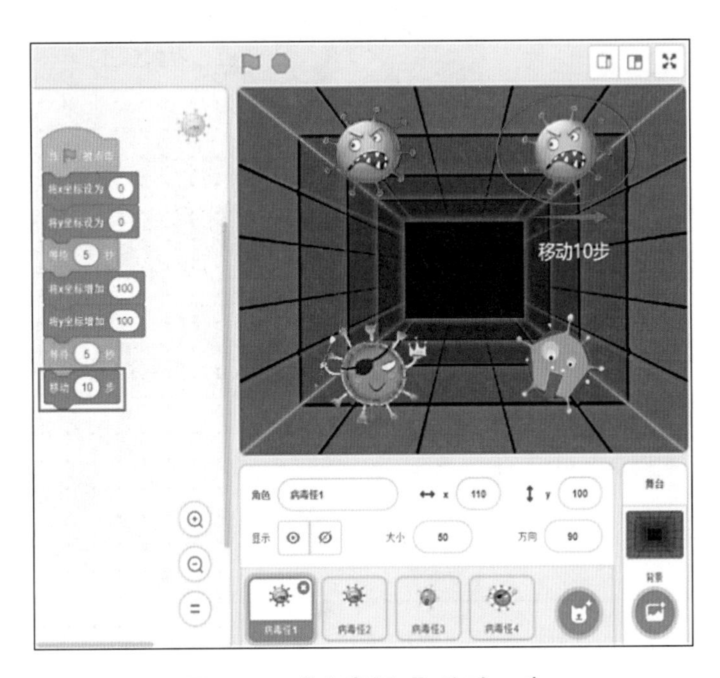

图4-40 “病毒怪1”移动10步

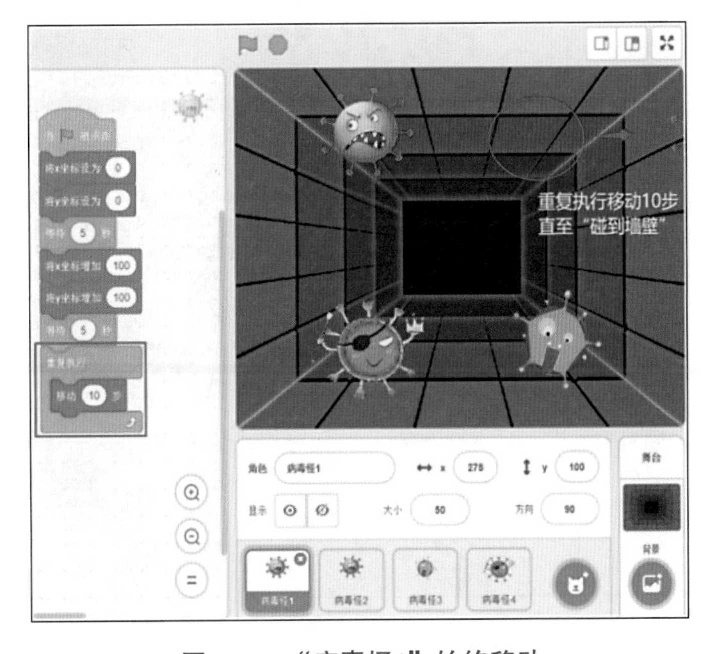

图4-41 “病毒怪1”始终移动

边界能够转头返回呢？从指令区“代码”选项卡的“运动”模块中拖曳 碰到边缘就反弹 至脚本区，如图 4-42 所示。好像又遇到了难题哦！如何让“病毒怪 1”在转头返回时，始终脑袋向上呢？从指令区“代码”选项卡的“运动”模块中拖曳 将旋转方式设为 左右翻转 至脚本区，如图 4-43 所示。

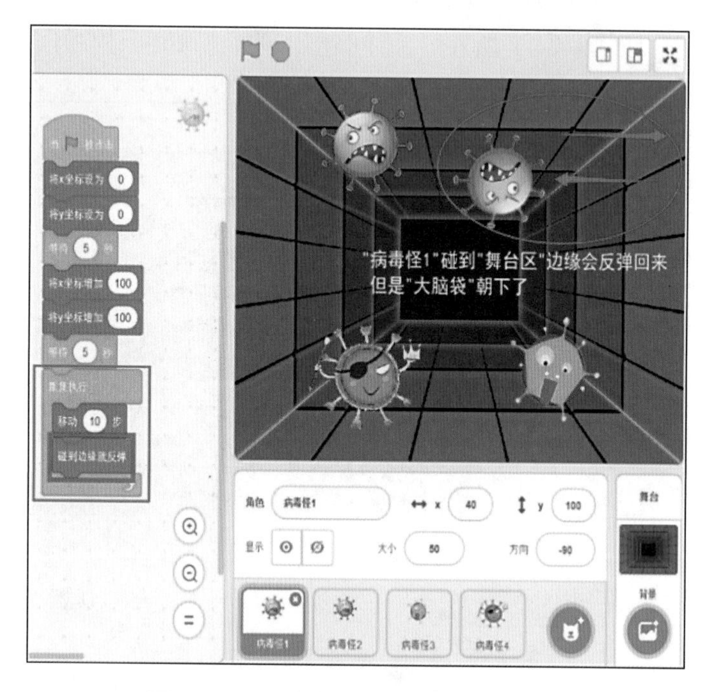

图4-42 “病毒怪1”碰到边缘反弹

图4-43 病毒怪1”左右翻转

问题终于解决了！快单击看看效果吧！

探索

（1）我们能不能监控一下“病毒怪”的位置和方向呢？这个问题很好，让我们来尝试一下吧！

【舞台区】

以“病毒怪 1”为例。从指令区“代码”选项卡的“运动”模块中选中 x坐标、y坐标和 方向，即可在舞台区看到“病毒怪 1”的坐标和方向值。单击，果然能实时监控到“病毒怪 1”的位置和方向数据了，如图 4-44 所示。

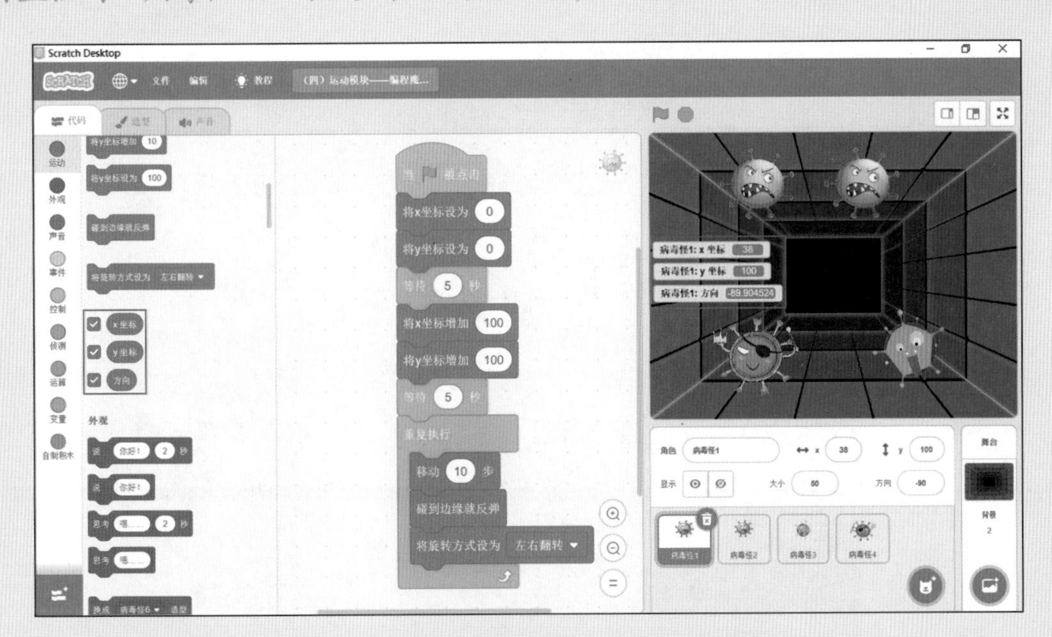

图4-44 监控“病毒怪1”的位置和方向

（2）能不能让“病毒怪”听从我们的指挥呢？嗯，必须要把它们控制住！

【舞台区】

在此，以“病毒怪 1”为例进行设置。从指令区“代码”选项卡的“运动”模块中拖曳 面向 鼠标指针 至脚本区，如图 4-45 所示。单击体验一下，是不是可以感觉到“鼠标”移动到哪里，“病毒怪 1”就会跟着去哪里呢！终于让“病毒怪 1”乖乖听话了！下面，让其他“病毒怪”也快快被控制住吧！设置完成后如图 4-46~图4-49 所示。

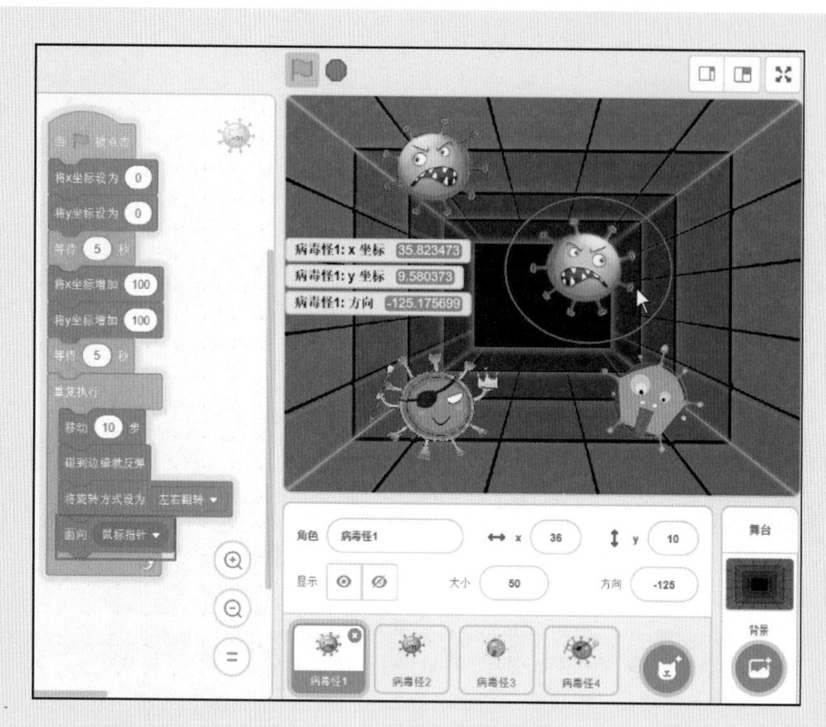

图4-45 “面向鼠标”操作

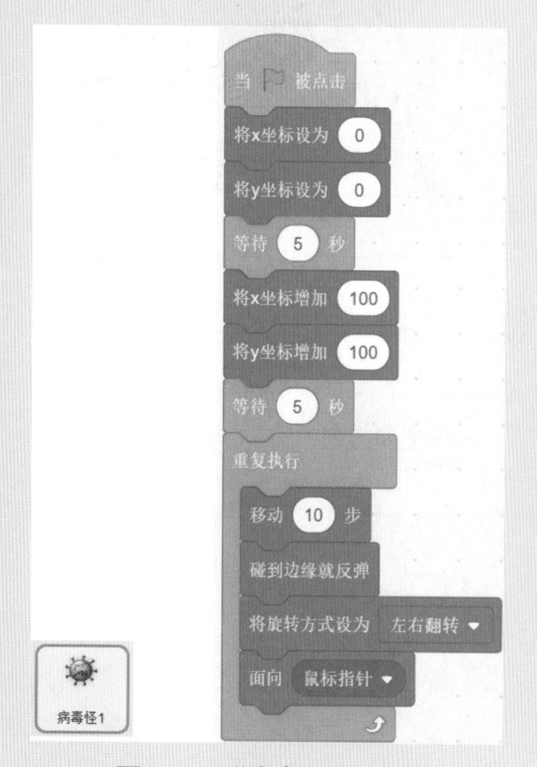

图4-46 “病毒怪1”脚本

图4-47 “病毒怪2”脚本

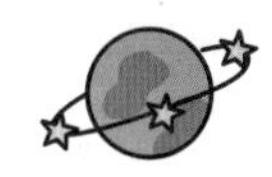

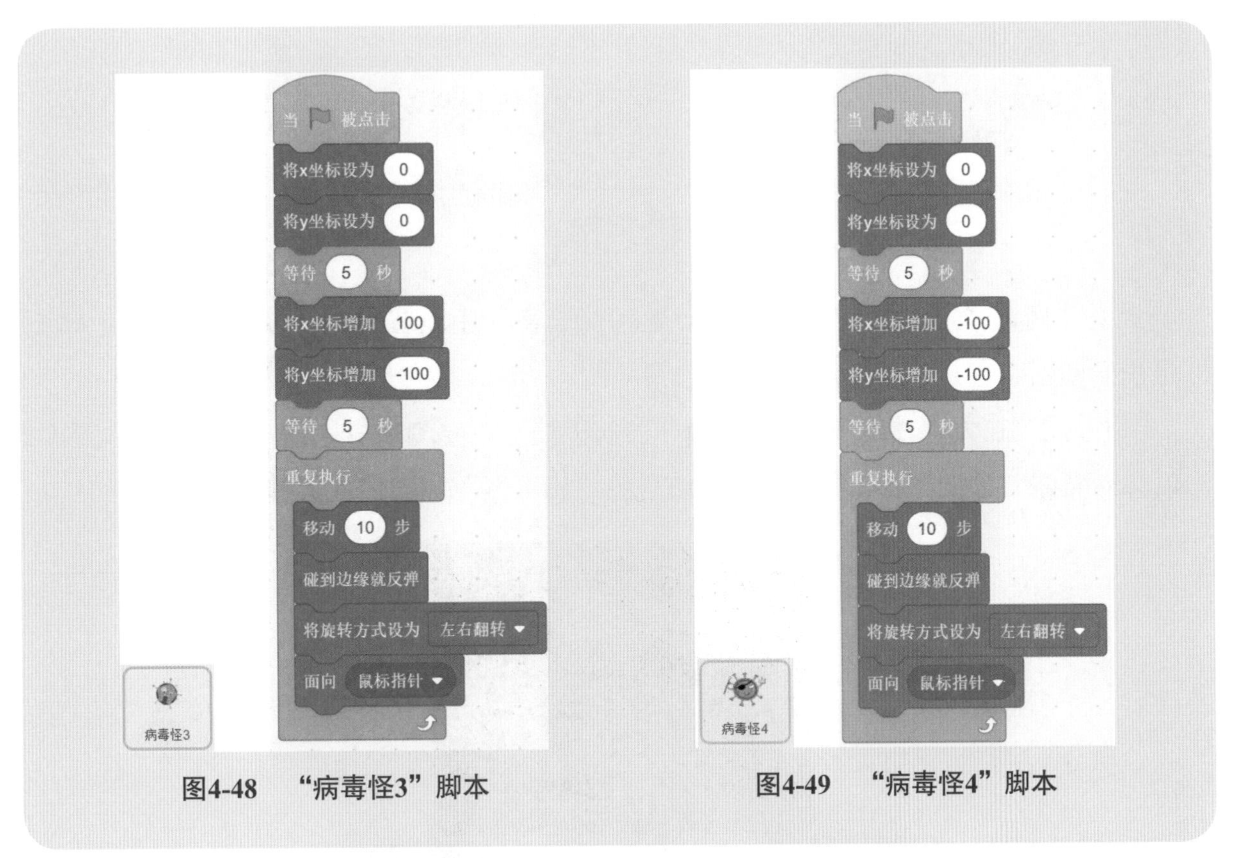

图4-48 “病毒怪3”脚本

图4-49 “病毒怪4”脚本

视频学习

第5章 “外观”模块

——“编程魔力王国”的魔法外衣

听说“病毒怪”非常狡猾，不仅会说各种语言，还能够通过变换造型来蒙蔽大家，但是我们坚信，它是永远无法战胜正义的！

“病毒怪”在大森林出现了，我们的“白衣天使”也立刻现身。请参照图 5-1 和图 5-2 添加舞台背景，参照图 5-3 和图 5-4 添加角色“病毒怪”和“白衣天使”。

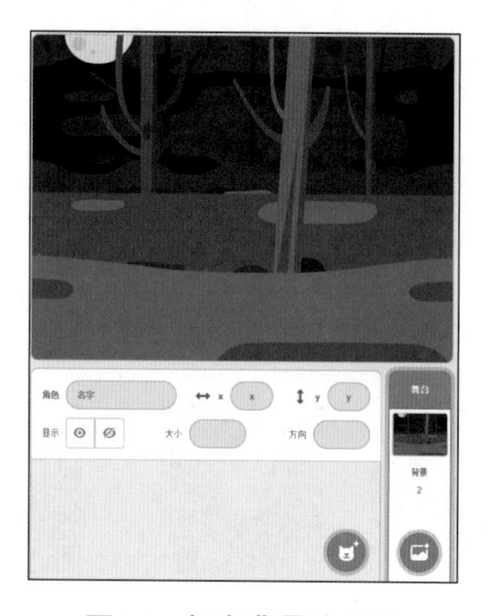

图5-1 舞台背景的效果

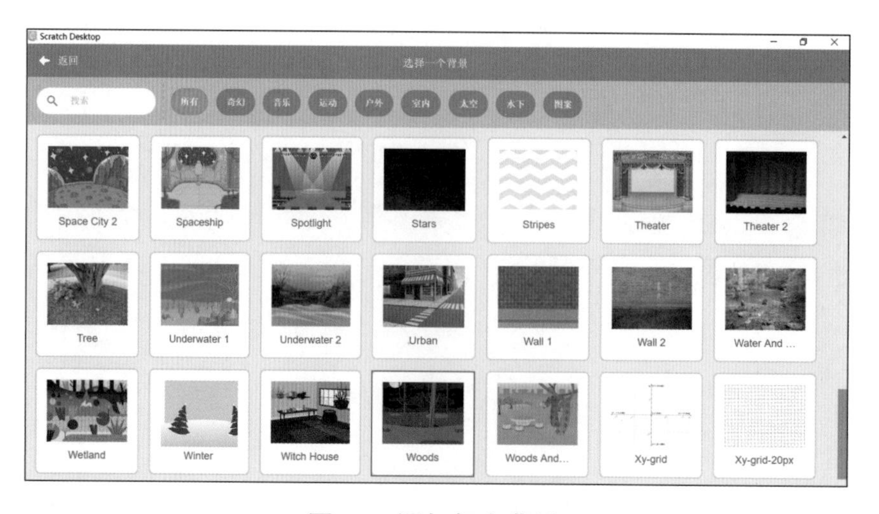

图5-2 添加舞台背景

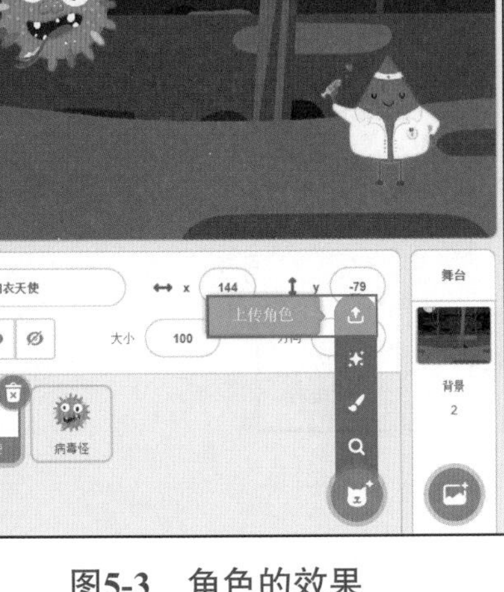

图5-3 角色的效果

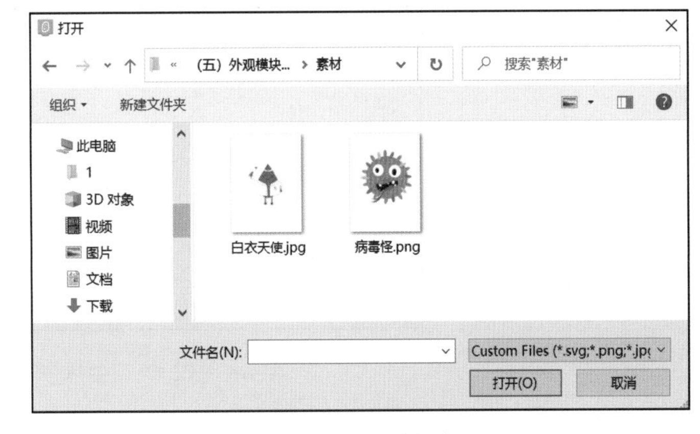

图5-4 添加角色

如图 5-5 所示，“外观”模块是“编程魔力王国”的魔法外衣，可以让角色说话、思考、变换造型和场景，还能隐身呢！

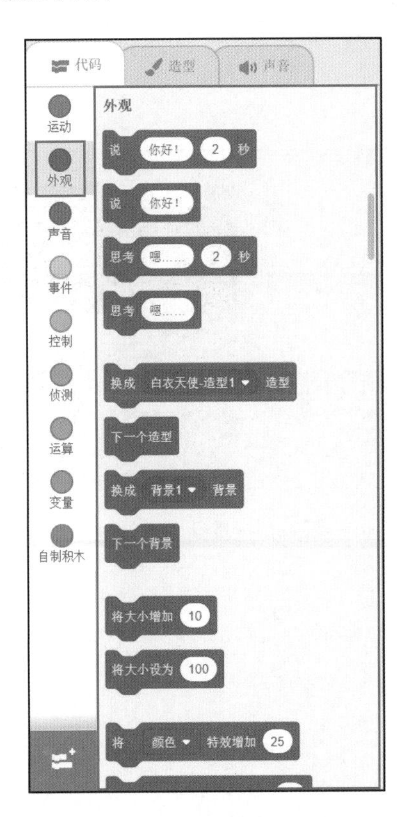

图5-5 “外观”模块

1. 让角色发言与对话

【角色区】

选中“白衣天使”角色，如图5-6所示。

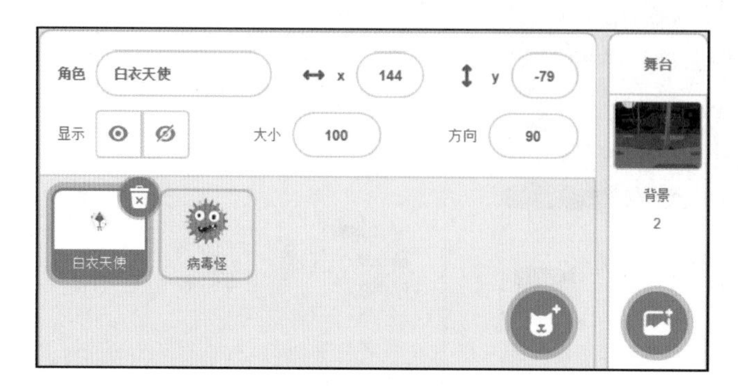

图5-6　选中“白衣天使”角色

【脚本区】

从指令区“代码”选项卡的“外观”模块中拖曳 说 你好！ 2 秒 至脚本区，并修改“你好！”为“病毒怪，你为何要入侵我们王国？”，修改“2”为“5”，即为 说 病毒怪，你为何要入侵我们王国？ 5 秒。

【效果】

单击 说 病毒怪，你为何要入侵我们王国？ 5 秒，可看到勇敢的“白衣天使”主动向“病毒怪”训话了，如图5-7所示。

图5-7　训话程序效果

探索

（1）请在角色区切换至“病毒怪”角色，并使用 说 你好！ 帮助“病毒怪”回答“王

国那么大，我想来看看！”，即为说 王国那么大，我想来看看！。通过执行程序块，大家有什么新发现呢？不难发现说 病毒怪，你为何要入侵我们王国？ 5 秒只能停留“5 秒”便消失了，而说 王国那么大，我想来看看！会始终显示，这就是时间参数“5”秒的作用。

（2）通过增加“事件”模块进行程序的统一遥控。从指令区“代码”选项卡的“事件”模块中拖曳当 被点击至脚本区。参照图 5-8 和图 5-9 给“病毒怪”和“白衣天使”分别添加控制，再单击舞台区的即可实现如图 5-10 所示的效果。

图5-8　给“病毒怪”添加控制

图5-9　给“白衣天使”添加控制

图5-10　程序效果展示

（3）请在 Scratch 工具中创作一段“白衣天使”和“病毒怪”的对话吧，在这里可以使用多种国家的语言哦！

注意：这里的“说”并没有发出声音，而是以文字的形式从“外观”上添加了要说的话，类似于看漫画书的效果；如果想真的发出声音，请学习“声音”模块。

2. 为角色添加思考效果

为了对付这个“病毒怪”，“白衣天使”还真要好好想想对策，让我们来“思考”一下。

【角色区】

选中“白衣天使”角色，如图 5-6 所示。

【脚本区】

从指令区“代码”选项卡的“外观”模块中拖曳 思考 嗯…… 2 秒 至脚本区，并修改“嗯……”为“嗯……我要用哪一招对付它呢？”

【效果】

单击舞台区的 ，即可实现如图 5-11 所示的思考效果。

图5-11　程序执行效果

请思考一下 思考 嗯…… 2 秒 和 思考 嗯…… 的区别是什么？通过操作体验，不难发现，其实就是思考时间长短的差异，前者有时间限制，而后者将一直处于思考中。

3. 让角色变换造型

“白衣天使”想出了对付“病毒怪”的方法，立刻“变换造型”，准备战斗了。

【指令区】

切换到如图 5-12 所示的“造型”选项卡，可添加新造型或复制当前造型。参照图 5-13 进行当前造型的复制。只需在当前造型上右击，然后选择“复制”，如图 5-14 所示“白衣天使 - 造型 2”产生了。

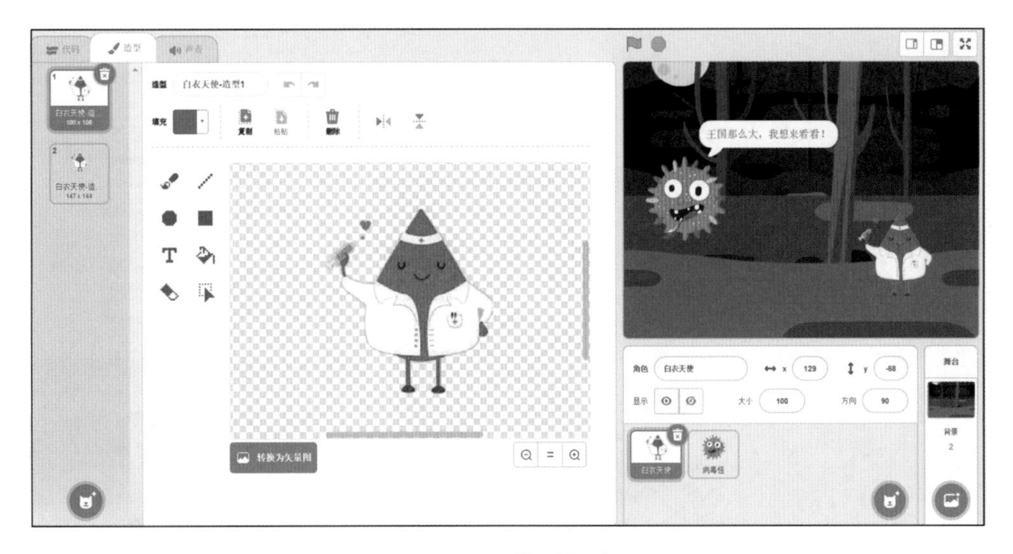

图5-12 造型部分

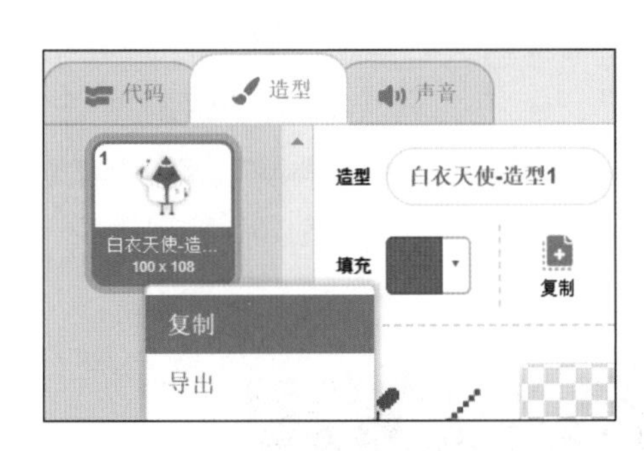

图5-13 复制造型

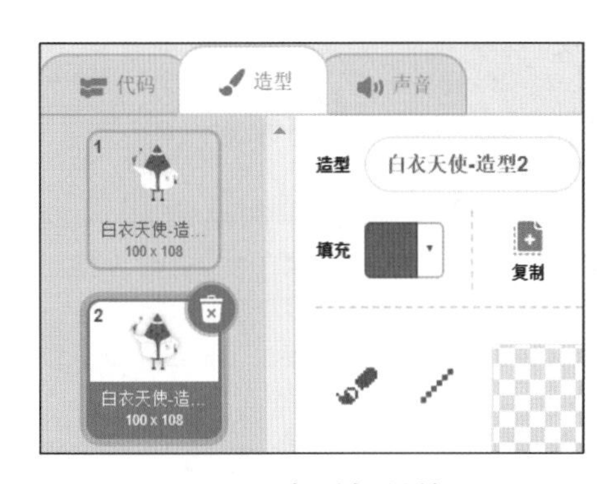

图5-14 造型复制效果

“造型”选项卡可以协助管理角色的多种造型，让形态多种多样。通过 填充 可为原有造型绘制出黄色的光环，如图 5-15 所示；同时在指令区“代码”选项卡的“外观”模块中可查看到 换成 白衣天使-造型1 造型，如图 5-16 所示。

【角色区】

选中“白衣天使”角色，如图 5-6 所示。

【脚本区】

从指令区“代码”选项卡的“外观”模块中拖曳 换成 白衣天使-造型1 造型 和 下一个造型 至脚本区，如图 5-17 所示。

【效果】

单击舞台区的 ，“白衣天使”角色先呈现“白衣天使 - 造型 1”，随后进行发言和思考，再切换为下一个造型“白衣天使 - 造型 2”，如图 5-17 所示。

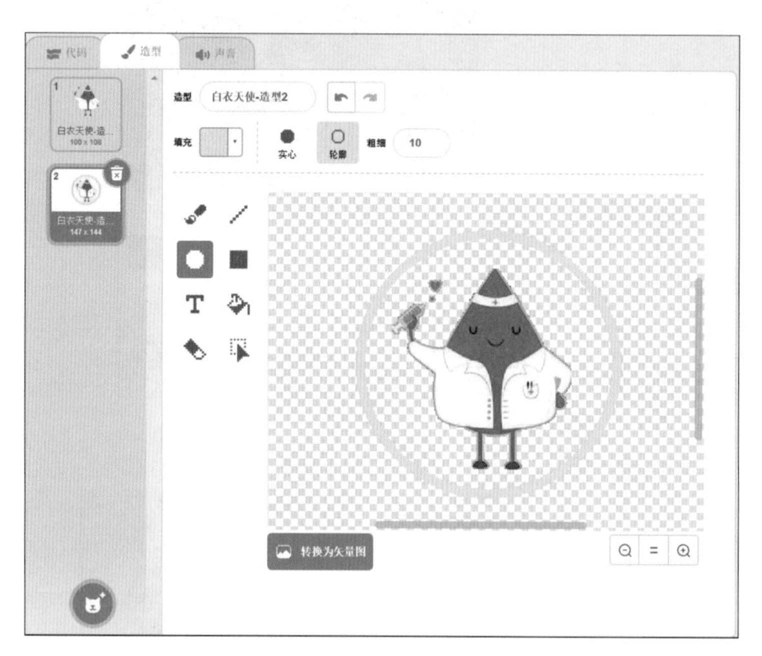

图5-15　绘制光环

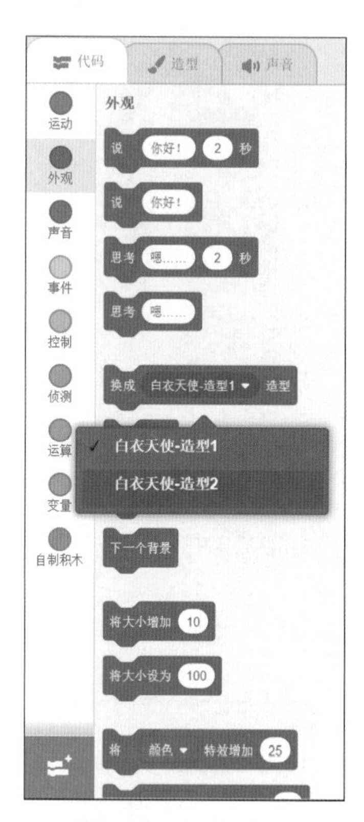

图5-16　切换造型

图5-17　切换造型与下一个造型

探索

当造型太多时，为了更好地辨别当前造型，可以在指令区“代码”选项卡的“外观”模块中选中 造型 编号 ，舞台区中即可显示出当前造型的编号，如图 5-18 所示。

图5-18 显示造型编号

4. 变换背景

“病毒怪”被“白衣天使”的新造型吓到了，它想通过保护色来逃避“白衣天使”的威力。

保 护 色

在生物学中，有些生物会把体表的颜色变得与周围环境相似，从而避免被发现，在竞争中生存。这种与周围环境相似的颜色称为保护色。很多动物有保护色，例如变色龙的变色能力。当然，颜色变化最多样化的还属于海洋生物，此外还有不少陆地动物也进化出了与环境相似的皮毛，例如北极熊。

【舞台区】

用鼠标选择舞台区，并切换至“背景”选项卡，如图 5-19 所示。

“背景”选项卡可以协助我们管理舞台的多种背景，使之丰富多彩。在此可以添加新背景或者复制当前背景。参照图 5-20 添加新背景，狡猾的“病毒怪”选用了与自身颜色很接近的背景，如图 5-21 所示。

图5-19　背景部分

图5-20　添加新背景

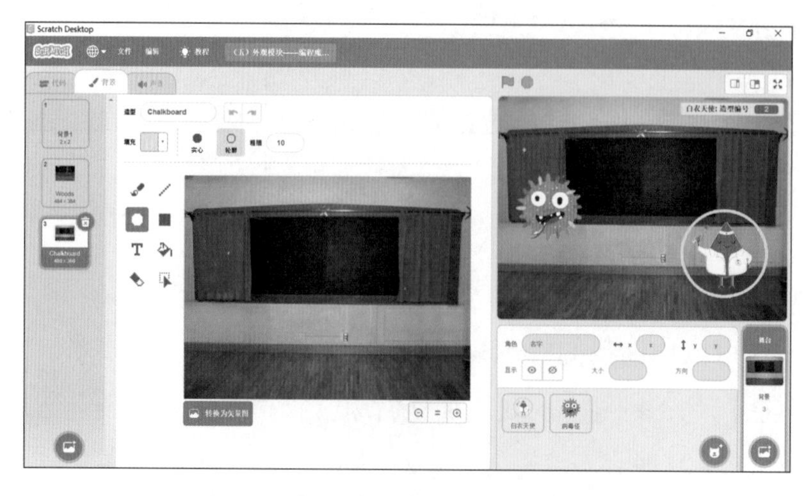

图5-21　与自身颜色接近的背景效果

【脚本区】

从指令区“代码”选项卡的“外观”模块中拖曳“换成 背景1 背景”至脚本区，并单击“背景1”修改为“Chalkboard”，即为“换成 Chalkboard 背景”。

【效果】

单击舞台区的绿旗，舞台区背景会进行更换，如图 5-22 所示。

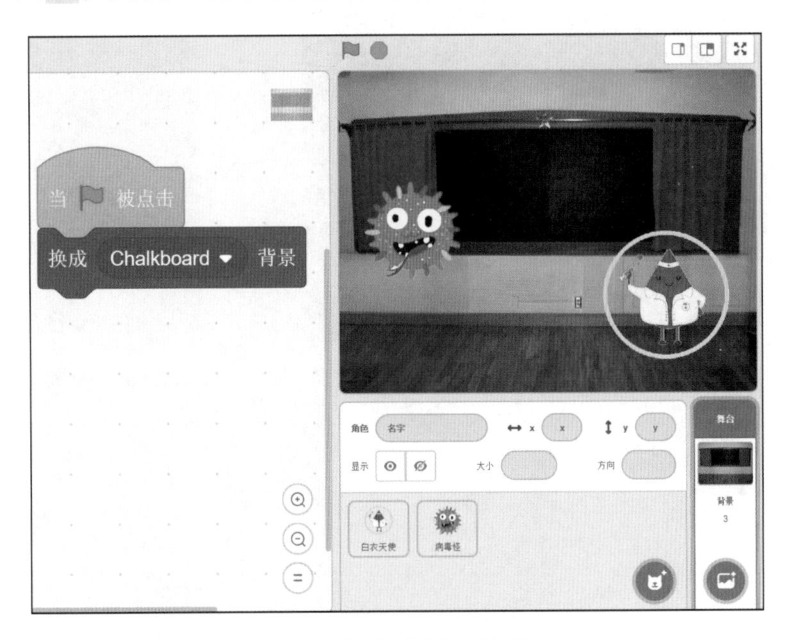

图5-22 舞台背景更换效果

探索

（1）当背景太多时，为了更好辨别当前背景，可在指令区“代码”选项卡的“外观”模块中选中“背景 编号”，舞台区中即可显示出当前背景的编号，如图 5-23 所示。

（2）下面，可以通过“下一个背景”进行下一个背景效果的切换，将指令区“代码”选项卡“控制”模块中的多个“等待 1 秒”与指令区“代码”选项卡“外观”模块中的多个“下一个背景”进行拼接，如图 5-24 所示，体验背景的反复动态变换吧！

（3）下面，请比较“换成 背景1 背景”和“换成 背景1 背景并等待”的差异，一定要认真体会二者的差别！

（4）细致认真是不可或缺的品质，请大家认真对比一下图 5-25 和图 5-26 中舞台区的“外观”模块与角色的“外观”模块的差异吧！

图5-23 显示背景编号

图5-24 背景动态变换效果

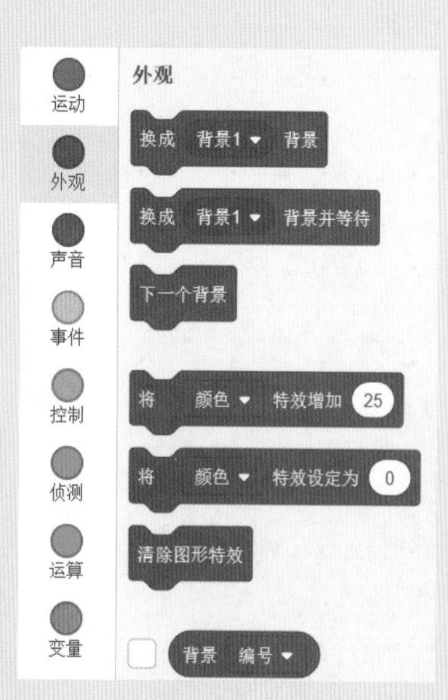

图5-25 舞台区的“外观”模块

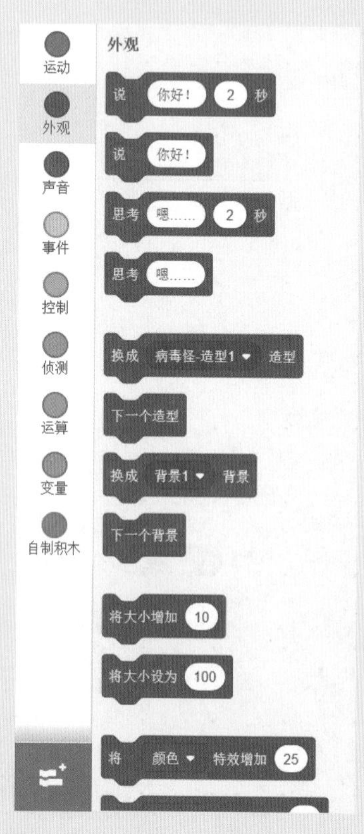

图5-26 角色的“外观”模块

5. 变换角色的颜色和大小

尽管“病毒怪”使用了背景变换手段，但是“白衣天使”又使出一个大招，将“病毒怪”改变了颜色和大小。

【角色区】

选中“病毒怪”角色，如图 5-6 所示。

【脚本区】

从指令区“代码”选项卡的“外观”模块中拖曳 将大小设为 20 和 将 颜色 特效增加 50 至脚本区，并可任意修改数字为其他的值，可灵活调整大小和颜色；同时如果想知道当前角色的大小，可在指令区“代码”选项卡的“外观”模块中选中 大小，舞台区中即可显示出当前角色的大小，如图 5-27 所示。

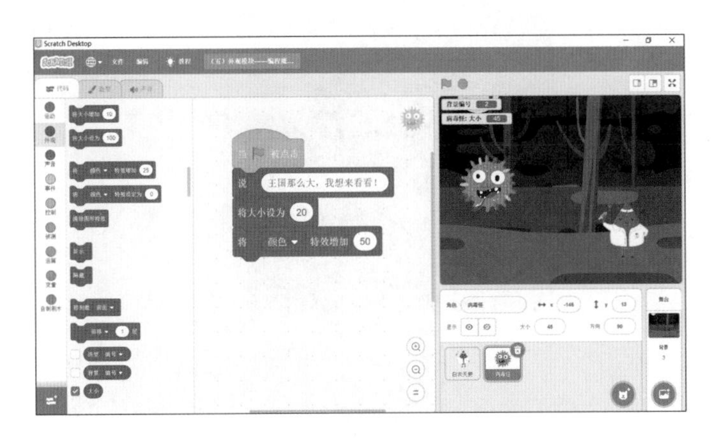

图5-27 显示角色大小

【效果】

单击舞台区的，即可实现如图 5-28 所示的神奇效果。

图5-28 程序执行效果

探索

（1）除了颜色可以变换外，还支持多种特效的变化，如图5-29所示；将 颜色 特效设定为 0 同样支持特效的多种变换。

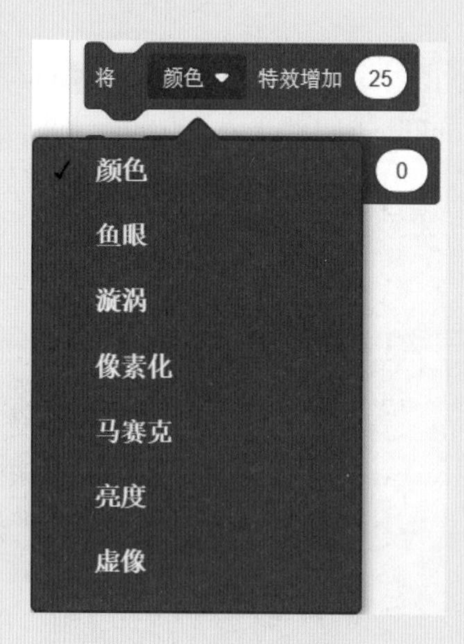

图5-29 多种特效变化

（2）如果应用了特效后，又想去除特效效果，使用指令区“代码”选项卡“外观”模块中的 清除图形特效 即可实现。

6. 将角色隐藏与显示

“病毒怪”在“白衣天使”的正义力量下无处藏身，只好使用隐藏能力逃走了。

【角色区】

选中“病毒怪”角色，如图5-6所示。

【脚本区】

从指令区“代码”选项卡的“外观”模块中拖曳 隐藏 至脚本区。

【效果】

单击舞台区的 ，“病毒怪”从舞台区消失了，如图5-30所示。

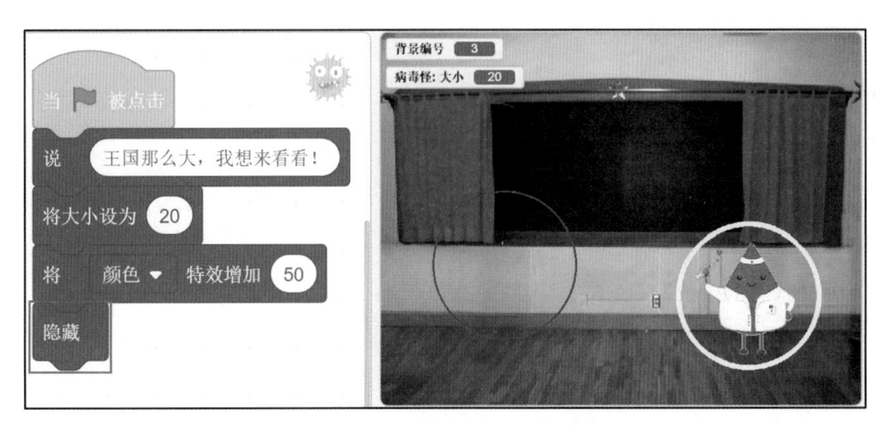

图5-30 “病毒怪”消失了

探索

（1）与隐藏相对应的功能是显示，即角色在舞台区显示出来。下面，把 显示 拖到脚本区体验一下吧。

（2）当摆放的两个角色出现重叠遮挡时，可以依据实际需要进行层叠次序的调整。通过应用指令区“代码”选项卡“外观”模块中的 移到最 前面 和 前移 1 层，可实现角色的前后层切换，图 5-31 和图 5-32 所示为切换前后的效果对比。下面，请一起探索一下吧！

图5-31 角色前后效果切换（前）

图5-32 角色前后效果切换（后）

视频学习

第6章 “声音”模块

——“编程魔力王国”的魔法声音

“病毒怪”被吓跑后,又召集了同伴来捣乱。“编程魔力王国”立刻召开抵御“病毒怪”的动员大会，号召大家积极参与保家护国的行动。

参照图 6-1 和图 6-2 布置好动员会会场；参照图 6-3 和图 6-4 添加“白衣天使”等多个角色。

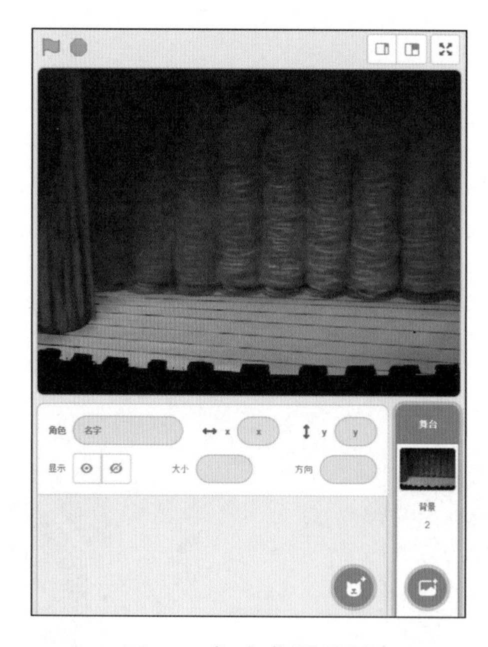

图6-1　舞台背景效果

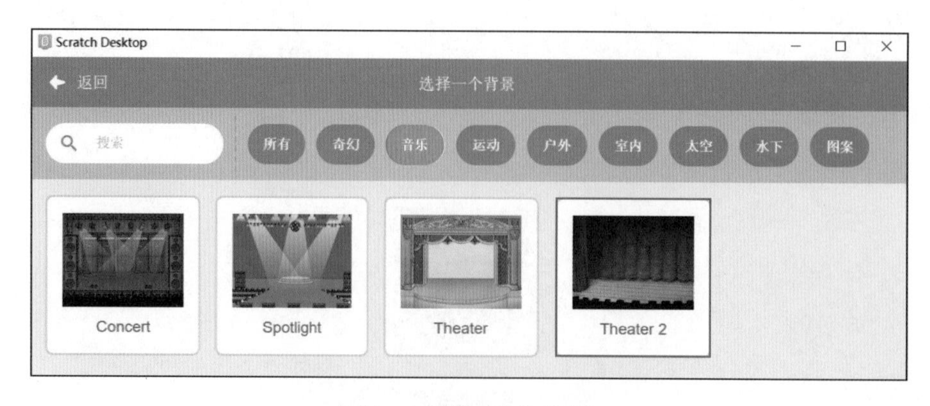

图6-2　添加舞台背景

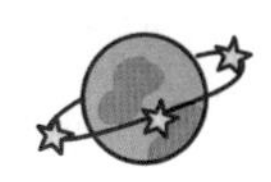

图6-3　添加角色

图6-4　角色效果

如图 6-5 所示，“声音”模块可以创作出“编程魔力王国”的各种动听悦耳的魔法声音，而且音调、音量都可以灵活调节。

1. 录制声音

【角色区】

选中“白衣天使”角色，如图 6-6 所示。

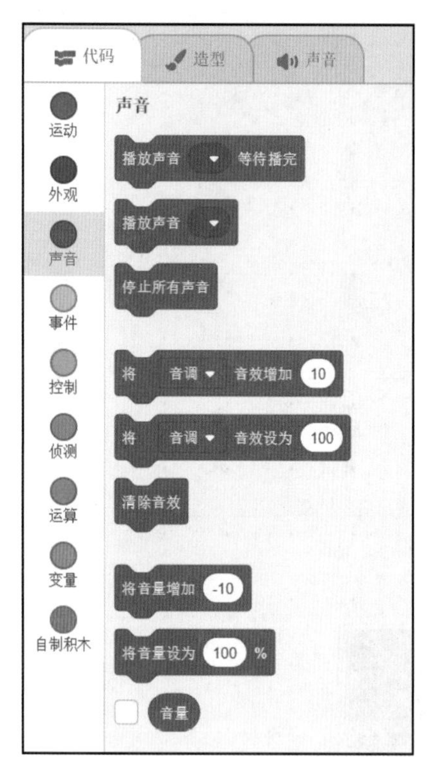

图6-5 “声音”模块

图6-6 选中“白衣天使”角色

【指令区】

在指令区“代码”选项卡的“声音”模块中，单击“播放声音 喵 等待播完”中的“喵”，弹出如图 6-7 所示的菜单，在其中选择“录制 ...”则会打开如图 6-8 所示的“声音录制”窗口，在其中可进行个性化声音创作。

图6-7 录制功能

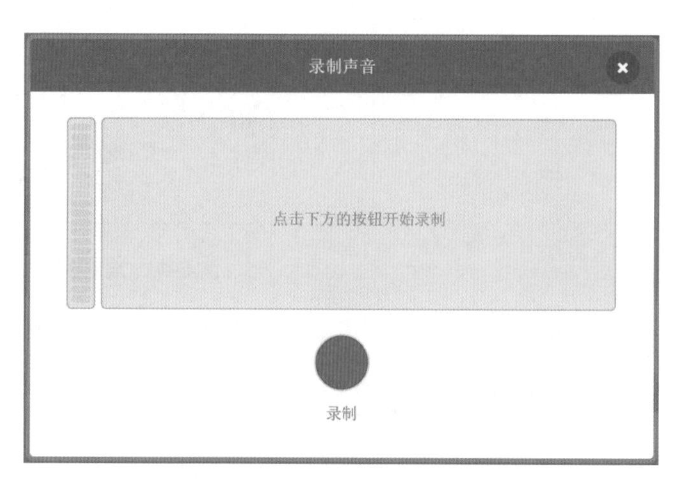

图6-8 “声音录制”窗口-录制

下面进行声音创作。如图 6-8 所示，单击“录制”按钮，录制“白衣天使”的动员发

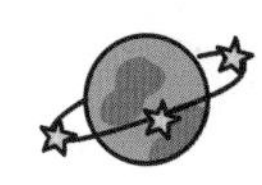

言：“亲爱的小勇士们，可恶的‘病毒怪’召集了它的同伴又要来进攻我们的王国，我们大家要更加团结，更加勇敢，一起守护住我们的家园，大家有信心吗？”，随后在图 6-9 所示的窗口中单击“停止录制”按钮，慷慨激昂的发言生成了！如图 6-10 所示。此外，还可以修改声音文件的名称为“动员发言”，以及结合需要灵活调节声音效果，如图 6-11 所示。同时在指令区“代码”选项卡的“声音”模块中，单击 播放声音 喵▼ 等待播完 中的 喵▼，可查看到图 6-12 中增加了“动员发言”的声音文件。

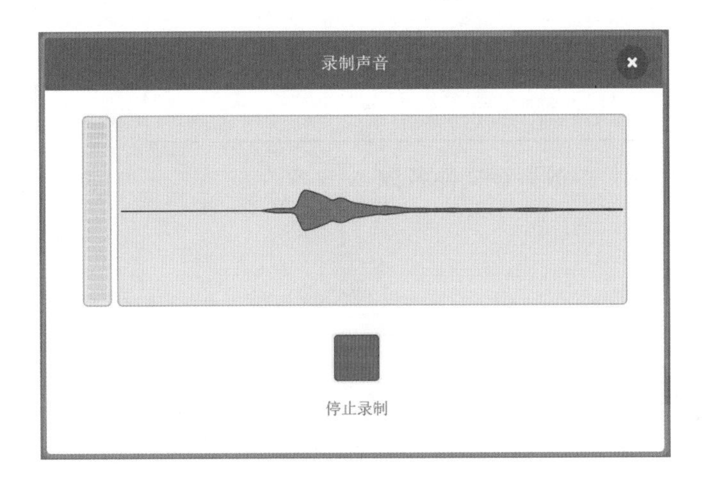

图6-9　声音录制页面-停止录制

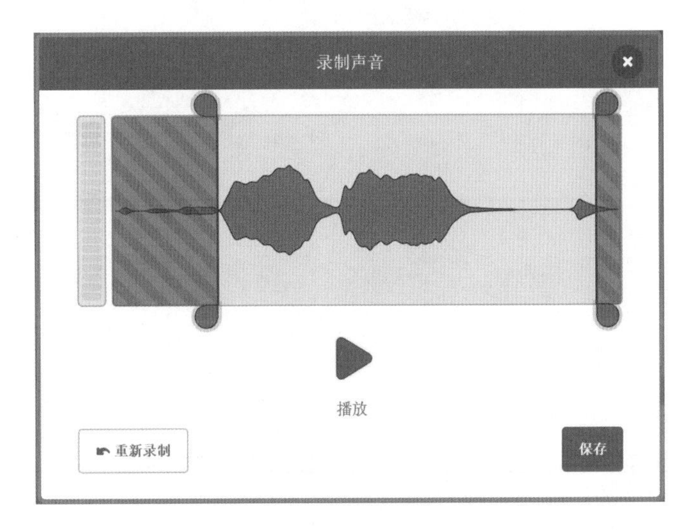

图6-10　生成声音文件

2. 播放声音

【脚本区】

从指令区“代码”选项卡的“声音”模块中拖曳 播放声音 喵▼ 等待播完 至脚本区,并选择“动员发言”，如图 6-12 所示。

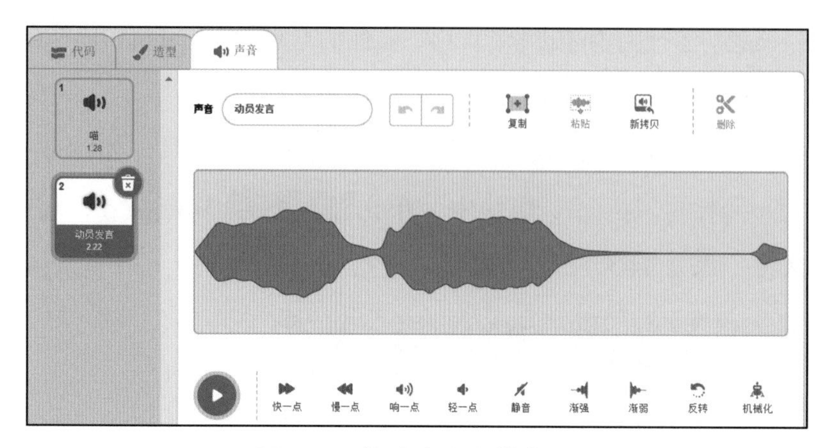

图6-11　修改声音文件名称

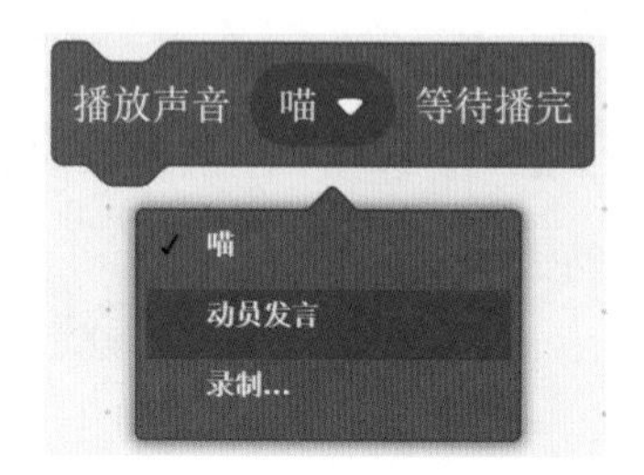

图6-12　选择“动员发言”

（1）“白衣天使”发表了动员发言后，带领大家大声呼喊“加油！加油！”请大家用同样方法录制出自己个性化的“加油！加油！”声音文件吧，如图 6-13 所示。

（2）请把录制出来的“加油！加油！”声音文件也添加到脚本区，如图 6-14 所示。

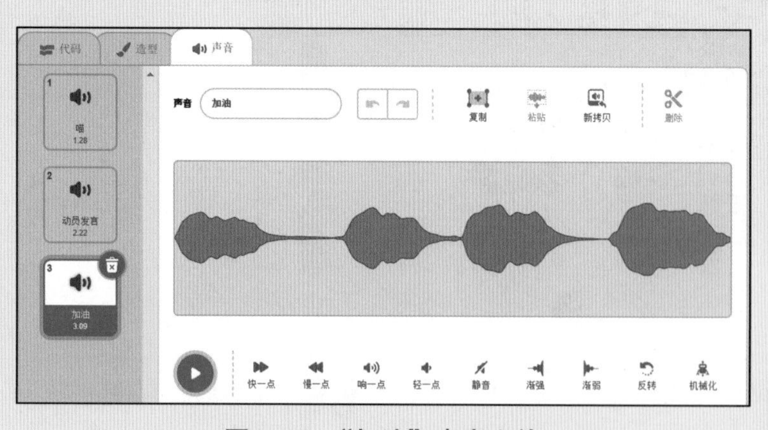

图6-13　“加油”声音文件

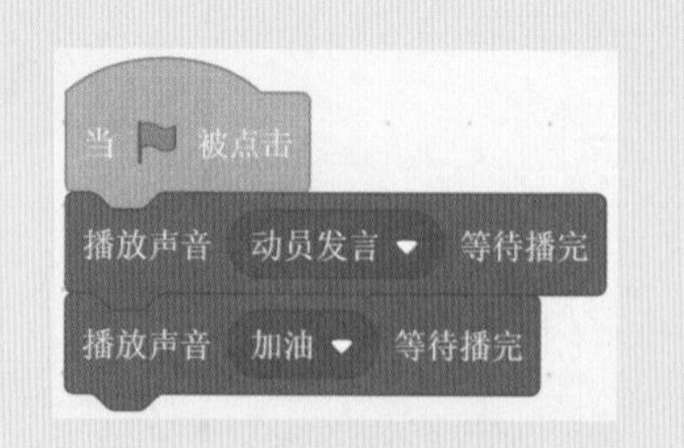

图6-14　添加声音文件至脚本

3. 设置声音效果

小伙伴们非常激动，反复呼喊着“加油！加油！”，声调越来越高，声音越来越大。

【脚本区】

从指令区“代码”选项卡“声音”模块中的 将 音调 音效设为 100 和 将音量设为 100 % 进行初始音调、音量的设定；随后再拖曳 将 音调 音效增加 10 和 将音量增加 -10 至脚本区，模拟声调越来越高、声音越来越大的效果，如图 6-15 所示。其中，参数值 10 等可结合需要灵活调整。

4. 选择声音

在大家热情的响应后，最终又传来必胜的欢呼声。

下面进行声音选择。在指令区的“声音”选项卡中选择一个声音文件，如图 6-16 所示。在打开的窗口中选中 Goal Cheer 声音文件，如图 6-17 所示。

图6-15 调整音调和音量

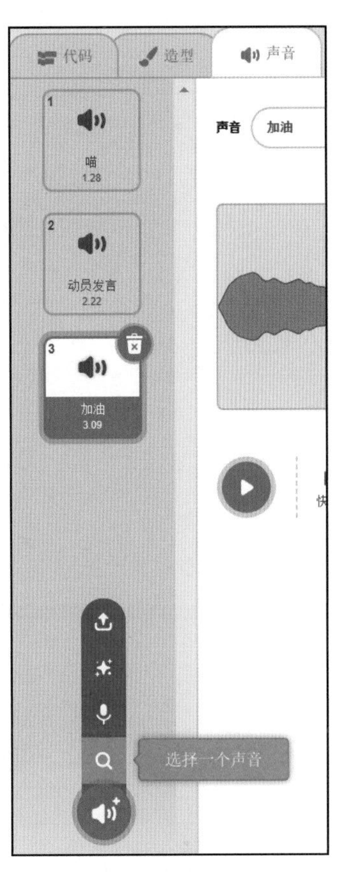

图6-16 选择一个声音

【脚本区】

从指令区“代码”选项卡的“声音”模块中拖曳 播放声音 喵 等待播完 至脚本区，并将其修改为 Goal Cheer 声音文件，如图 6-18 所示。

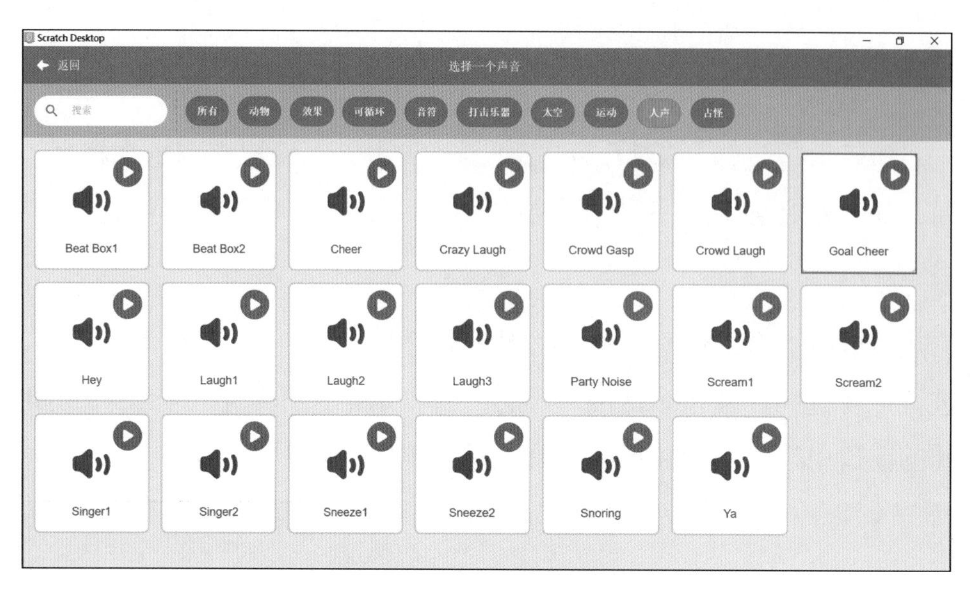

图6-17　选择声音文件

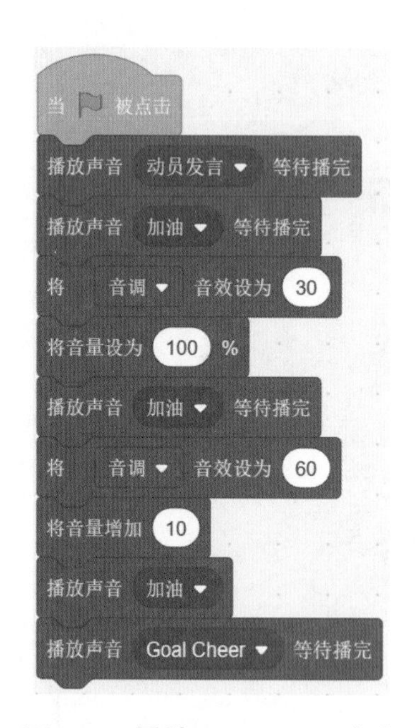

图6-18　播放Goal Cheer声音

探索

（1）停止所有声音 可以让所有的声音停止；清除音效 可以清除所有的音效，请大家尝试一下吧。

（2）如果想实时知道当前的音量值，可以在指令区“代码”选项卡的“声音”模块中选中☑音量，舞台区中即可显示出当前角色的音量大小，如图 6-19 所示。

图6-19　显示角色音量大小

（3）请大家仔细观察图 6-20 程序块并动手操作，体验一下二者的区别吧！不难发现，图 6-20 所示代码中会播放完一个再播放另一个声音；而图 6-21 所示代码中则会同时播放两个声音。

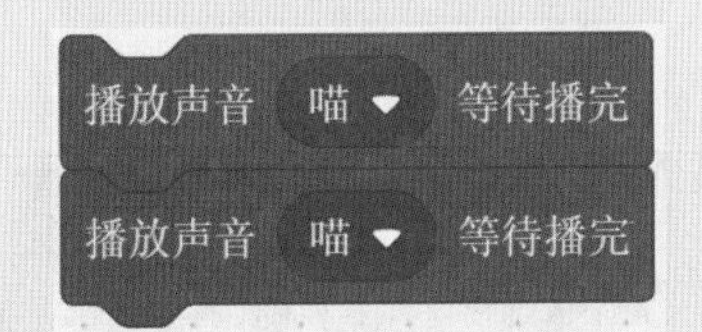

图6-20　依次播放声音效果

图6-21　同时播放声音效果

至此，应该已经能创作出多样的声音了，但是还有惊喜哦！ Scratch 中还为大家设置了“音乐”扩展模块，能模拟各种不同乐器的声音，更可以创作出动听悦耳的歌曲呢！若有兴趣请去第 13 章继续学习吧！

视频学习

第7章 “事件”模块

——“编程魔力王国”的遥控器

“病毒怪”又来入侵“编程魔力王国”了，这次它竟然搬出了“编程魔力王国”的遥控器——“事件”模块，如图 7-1 所示。话说“事件”模块真的很强大，一个个指令块就像遥控器一样，能够对脚本区中的程序块进行控制。下面来看一下“事件”模块强大的遥控能力。

参照图 7-2 和图 7-3 添加舞台背景；从本地电脑中添加“病毒怪”和“病毒王”角色，并设置为适中的大小，如图 7-4 所示。

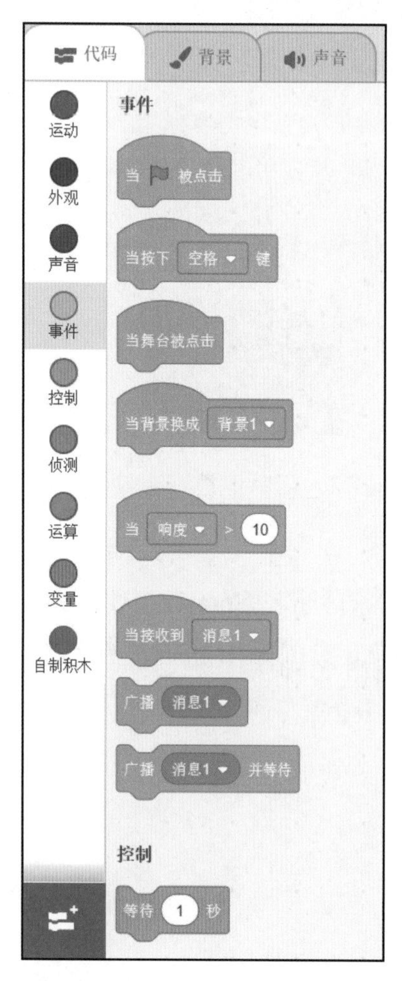

图7-1 “事件”模块

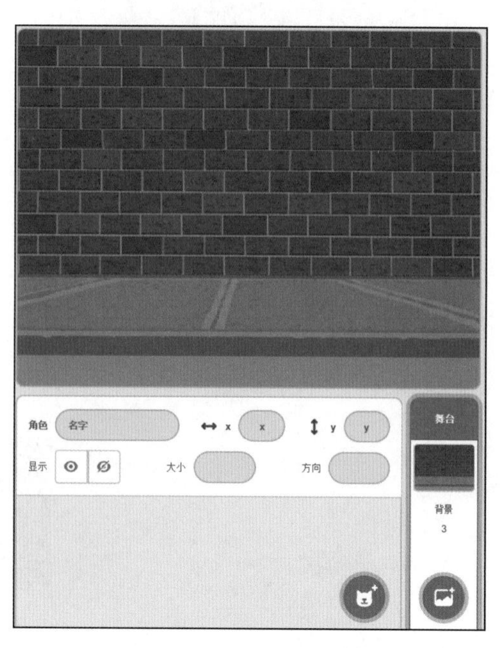

图7-2 舞台背景效果

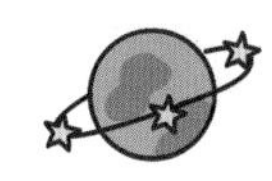

图7-3 添加舞台背景

图7-4 添加角色

游 戏 场 景

“病毒怪”又来入侵“编程魔力王国”了，单击便会开始四处游荡，按下键盘中的“↑”键向上移动,“→”键向右移动,“↓”键向下移动,“←”键向左移动。

如果“病毒怪”在四处游荡时碰到了“医生”的“针头武器”,“病毒怪”被打败了，最终摔在地上!

1. 

【角色区】

选中“病毒怪”角色，如图7-5所示。

【脚本区】

从指令区“代码”选项卡的“事件”模块中拖曳 至脚本区，实现当单击 时执行下方所有程序块；从指令区“代码”选项卡的“外观”模块中拖曳 至脚本区，实现“病毒怪”角色能在单击 时显示出来；从指令区“代码”选项卡的“运动”模块中拖曳 至脚本区，实现“病毒怪”角色能向前移动10步；从指令区“代码”选项卡的“控制”模块中拖曳 至脚本区，实现“病毒怪”角色能始终不停地向前移动；从指令区“代码”选项卡的“运动”模块中拖曳 至脚本区，实现“病毒怪”角色在始终不停地向前移动中碰到舞台边缘能掉头返回，最终脚本如图7-6所示。

2.

该程序块功能强大，单击 可以展开如图7-7所示的丰富遥控器，选择其中的任意选项，可当单击“键盘中对应选项”时，执行下方所有程序块。

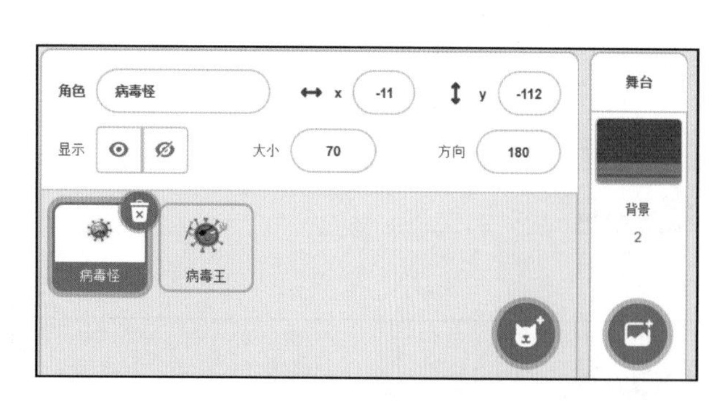

图7-5 选中“病毒怪”角色

图7-6 程序脚本

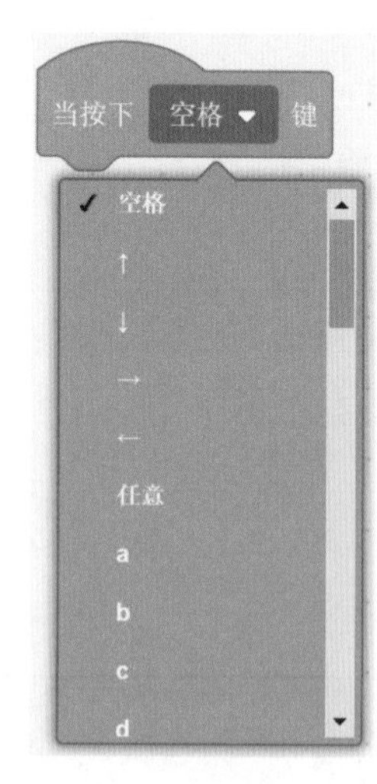

图7-7 键盘操作

【角色区】

选中“病毒怪”角色，如图7-5所示。

【脚本区】

从指令区“代码”选项卡的“事件”模块中拖曳 至脚本区，并将其修改为 ，

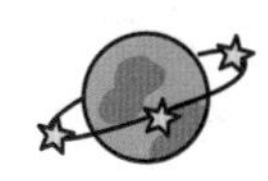

实现当单击键盘中的“↑”键时，执行下方所有程序块；从指令区“代码”选项卡的“运动”模块中拖曳面向 0 方向和移动 10 步至脚本区，实现“病毒怪”角色能在单击“↑”键时，面向 0 度方向移动 10 步，最终脚本如图 7-8 所示。依据当前设置方式，依次参照图 7-9~ 图 7-11 进行脚本设置，综上所述，可通过键盘中的方向键，实现“病毒怪”的“上右下左”灵活移动。

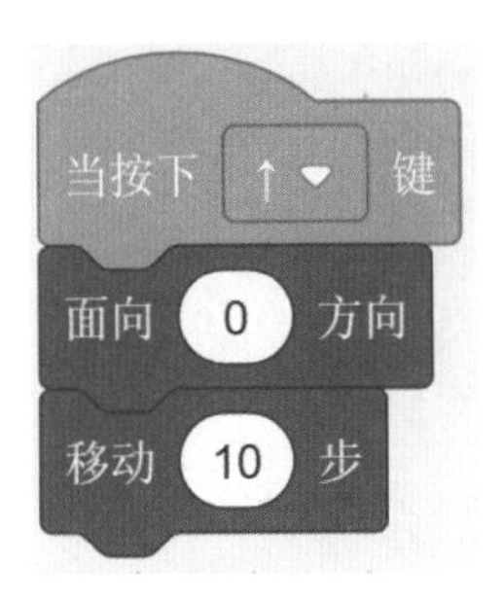

图7-8 向上移动

图7-9 向下移动

图7-10 向右移动

图7-11 向左移动

游 戏 场 景

在追捕“病毒怪”时，虽然它们在被抓到后会发出尖叫并即刻消失，但是会给同伴发送信息，让“病毒王”现身并继续捣乱。

3. 当角色被点击

【角色区】

选中“病毒怪”角色，如图 7-5 所示。

【脚本区】

从指令区“代码”选项卡的“事件”模块中拖曳当角色被点击至脚本区，实现当用鼠标单击该角色时执行下方所有程序块；从指令区“代码”选项卡的“外观”模块中拖曳隐藏至脚本区,实现“病毒怪”角色在被单击时进行角色隐藏；从指令区“代码”选项卡的“声音”模块中拖曳播放声音 喵至脚本区，并将其修改为如图 7-12 所示的声音文件，即为播放声音 Ricochet，实现“病毒怪”角色在被单击时发出该声音，程序如图 7-13 所示。

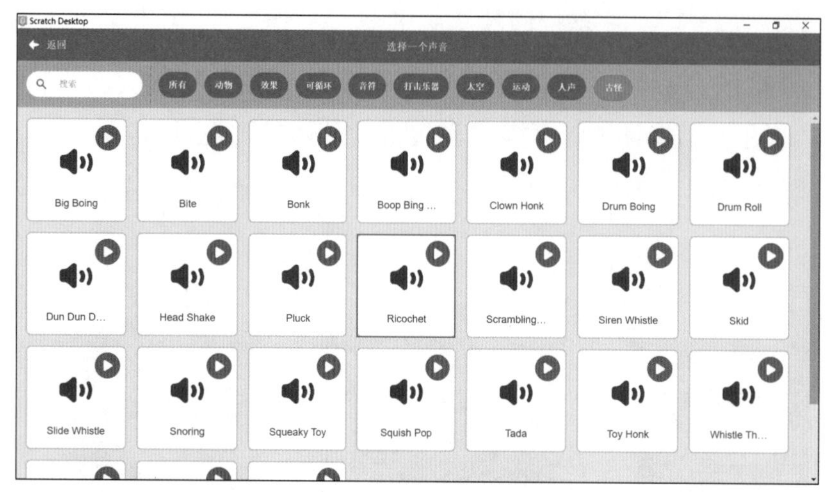

图7-12　选择声音文件

图7-13　角色被单击的程序

4. 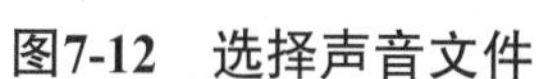与

在两个角色之间进行信息传递时，可使用当前两个程序块。当然，这两个程序块一定要配对出现，消息1 用于广播信息发送，当接收到 消息1 用于广播信息接收。注意，其中的广播信息一定要一致哦！

【角色区】

选中“病毒怪”角色，如图 7-5 所示。

【脚本区】

从指令区“代码”选项卡的“事件”模块中拖曳 广播 消息1 至脚本区，并单击 消息1，如图 7-14 所示。单击“新消息”，在新开启的如图 7-15 所示的窗口中填写希望广播出去的信息，例如“快来帮忙！”，即 广播 快来帮忙！。当前设置完成后，“病毒怪”角色的脚本如图 7-16 所示，执行后，在用鼠标单击“病毒怪”时，它会消失，并播放出 Ricochet 声音，且会发送广播信息“快来帮忙！”给其他角色。

图7-14　广播新消息

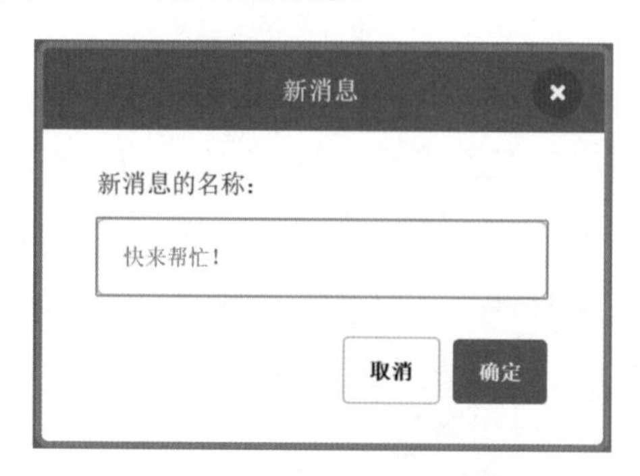

图7-15　创建新消息的内容

图7-16　“病毒怪”角色的脚本

现在“病毒怪”发出了广播信息“快来帮忙！”，当其他角色（例如“病毒王”）通过当接收到 快来帮忙！可接收到广播信息，并可进行迅速信息响应，执行其后面的所有程序块。

【角色区】

选中“病毒王”角色，如图 7-17 所示。

【脚本区】

从指令区“代码”选项卡的“事件”模块中拖曳当接收到 消息1至脚本区，再单击消息1，并选择消息“快来帮忙！”，即当接收到 快来帮忙！，如图 7-18 所示。随后，从指令区“代码”选项卡的“外观”模块中拖曳显示至脚本区，脚本如图 7-19 所示，即可实现“病毒王”角色在接收到“病毒怪”发出的“快来帮忙！”信息后，进行角色显示。这里需要提醒的是，“病毒王”角色的初始状态应在舞台区不显示，如图 7-20 所示。在角色区中初始设置显示为隐藏状态。

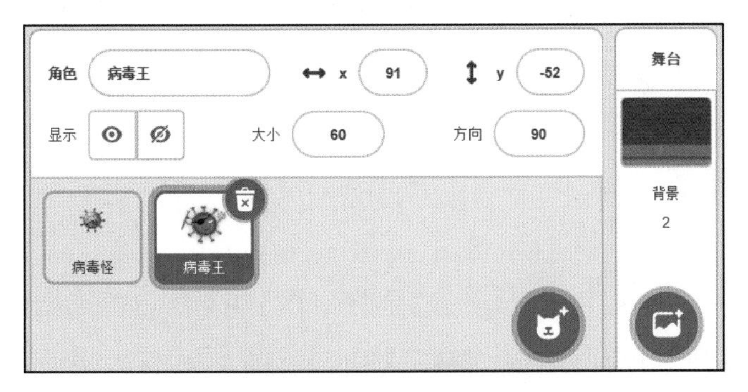

图7-17 选中“病毒王”角色

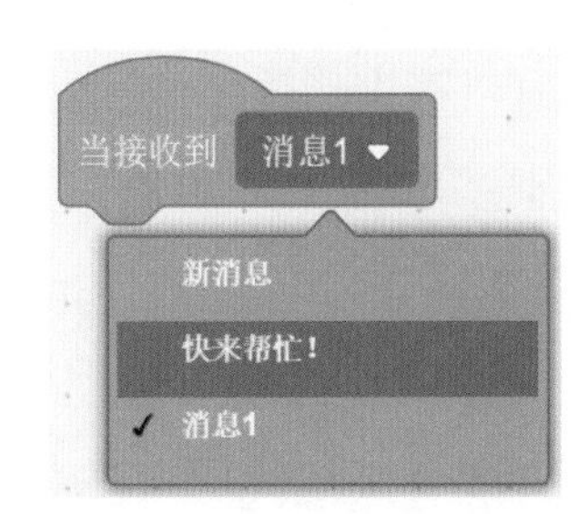

图7-18 选择“快来帮忙！”消息

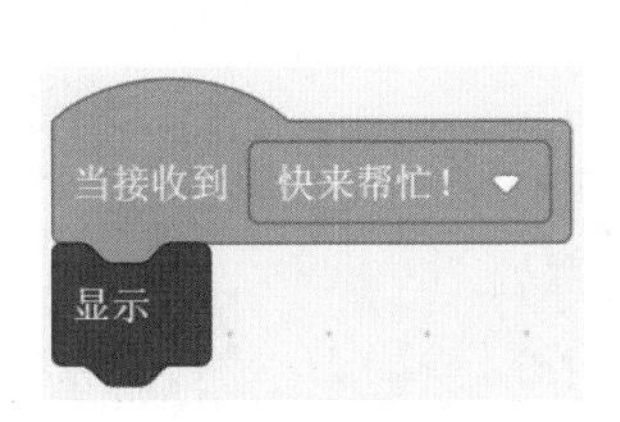

图7-19 接收消息程序

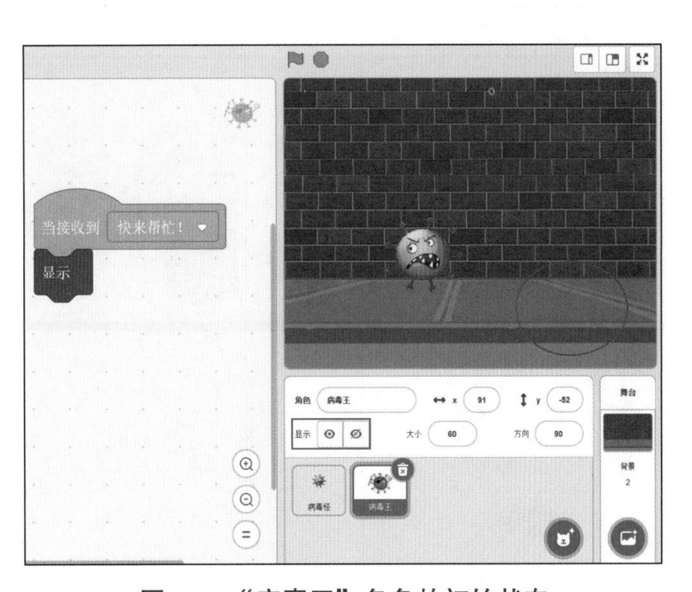

图7-20 “病毒王”角色的初始状态

请比较 广播 消息1 和 广播 消息1 并等待 的不同，一定要认真体会二者的差别，并思考一下，是不是二者都需要和 当接收到 消息1 配对出现呢？

5. 当 响度 > 10

响度即声音的强弱。声音强，则响度数值大；声音弱，则响度数值小。在如图 7-21 所示的“侦测”模块中，选中 响度 即可在舞台区实时呈现响度的数值。

用声音可以吓跑“病毒王”，请大家发出不同强弱的声音，来观测响度数值的变化吧！在当前抵御“病毒王”时，设定 当 响度 > 50，“病毒王”就会被吓跑，也就是启动“隐藏”功能啦！

【角色区】

选中“病毒王”角色，如图 7-17 所示。

【脚本区】

从指令区“代码”选项卡的“事件”模块中拖曳 当 响度 > 10 至脚本区，并将“10”修改为“50”；从指令区“代码”选项卡的“外观”模块中拖曳 隐藏 至脚本区，脚本如图 7-22 所示。

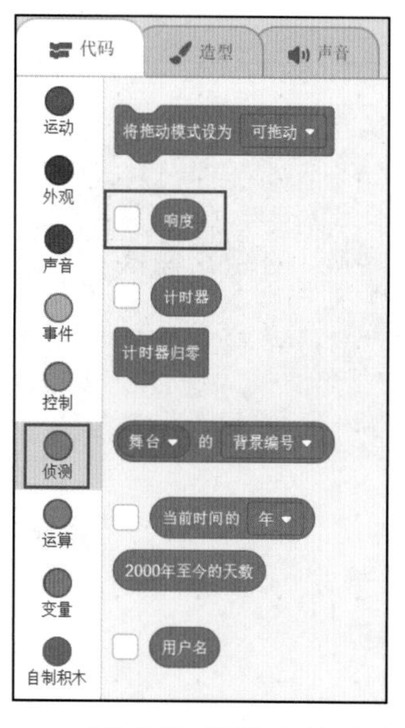

图7-21 “侦测”模块中的“响度”

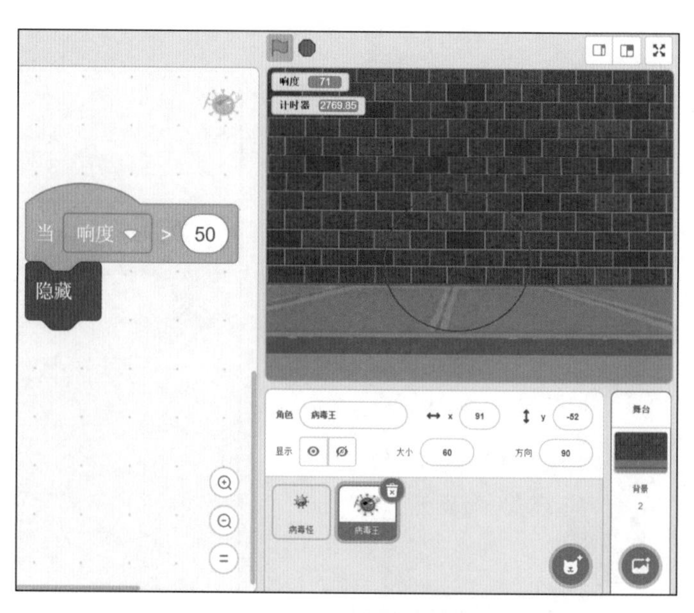

图7-22 响度程序

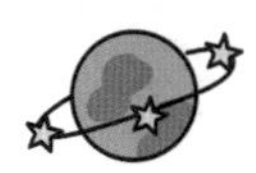

以上操作可实现 当 响度 > 50，“病毒王”则被吓跑的场景。

6. 当 计时器 > 10

计时器即时间的计算统计装置，可随时间的延续进行时间的累计。在如图 7-23 所示的“侦测”模块中，选中 计时器 即可在舞台区实时呈现出计时器的数值。

我们必须争分夺秒地与“病毒王”战斗，要在 600 秒内将“病毒王”吓跑，否则会错失良机。

【角色区】

选中“病毒王”角色，如图 7-17 所示。

【脚本区】

从指令区“代码”选项卡的“事件”模块中拖曳 当 响度 > 10 至脚本区，单击 响度，参照图 7-24 选择“计时器”，并将“10”修改为“600”，即 当 计时器 > 600；从指令区“代码”选项卡的“外观”模块中拖曳 说 你好！ 至脚本区，并将“你好！”修改为“我赢了！”，如图 7-25 所示。此时脚本的执行效果如图 7-26 所示。以上任务对我们提出了更高的要求，一旦 当 计时器 > 600 则会错失战胜“病毒王”的良好时机，加油，小勇士们！

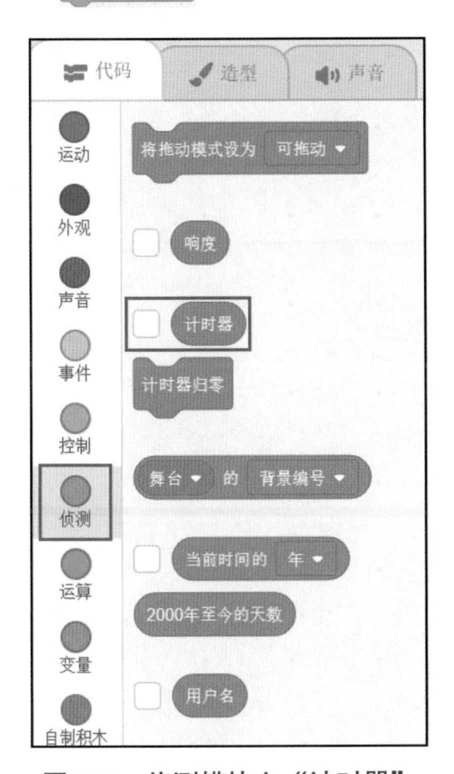

图7-23 侦测模块之“计时器”

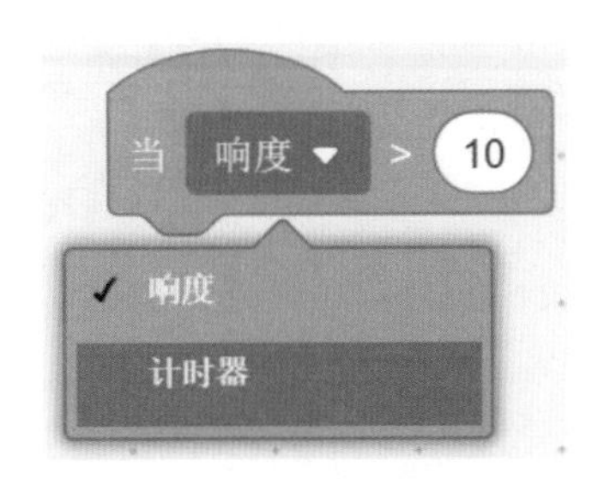

图7-24 选择“计时器”

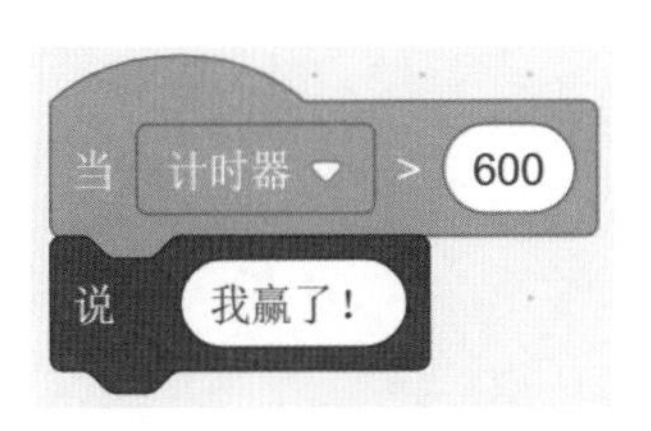

图7-25 计时器控制

图7-26 计时器累加

(1)细心观察就会发现，在图7-26所示的脚本中，计时器上的数字始终在累加。这样不对呀！所以小勇士们，请继续对脚本进行优化，可以考虑在脚本中增加“侦测”模块中的计时器归零，究竟要将其增加到什么位置呢？请小勇士们探索一下吧！

(2)下面，请结合上面的学习，针对当背景换成 背景1 进行探索尝试吧，相信大家一定能创作出更有趣的小游戏。

视频学习

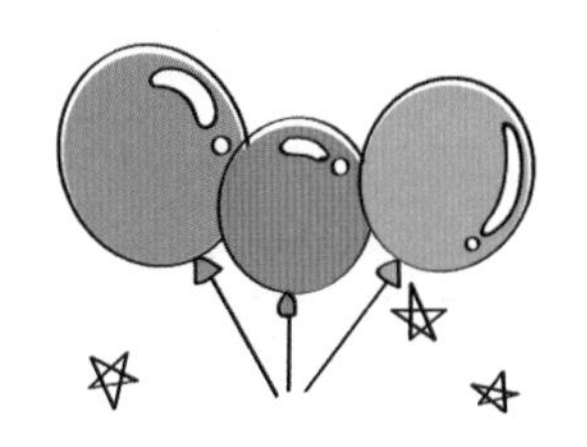

第8章 “控制”模块

——“编程魔力王国”的魔法控制

“控制”模块是“编程魔力王国”的魔法控制器，其中包含了各种循环控制、条件控制、等待控制，以及强大的克隆功能，如图 8-1 和图 8-2 所示。它可以帮助我们简化脚本，灵活实现各种游戏场景。让我们一起来体验一下吧！

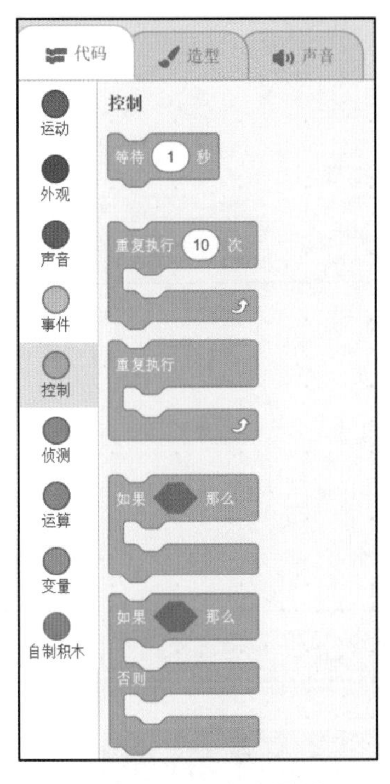

图8-1　“控制”模块1

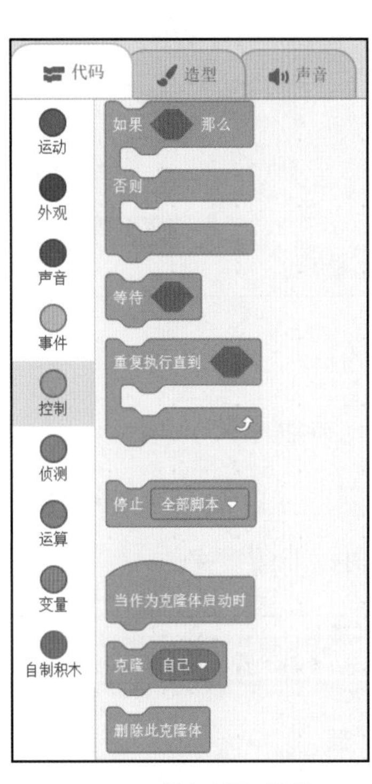

图8-2　“控制”模块2

游 戏 场 景

“病毒怪”又来搞破坏了，在强有力的反击下，“病毒怪”变成了“小小病毒怪”，狡猾的“病毒怪”想去隧道深处寻找“解药”，但是我们设置的魔力隧道，使其很难通过。只要“病毒怪”稍不小心或控制不好转弯的角度就会被打回原处，从头再来。究竟“病毒怪”能否成功呢？一起来看看吧。

与之前不同，这次我们不直接添加已有的舞台背景，而是一起绘制一个舞台背景。如图 8-3 所示，单击舞台背景选择区域，再切换至“背景”选项卡。

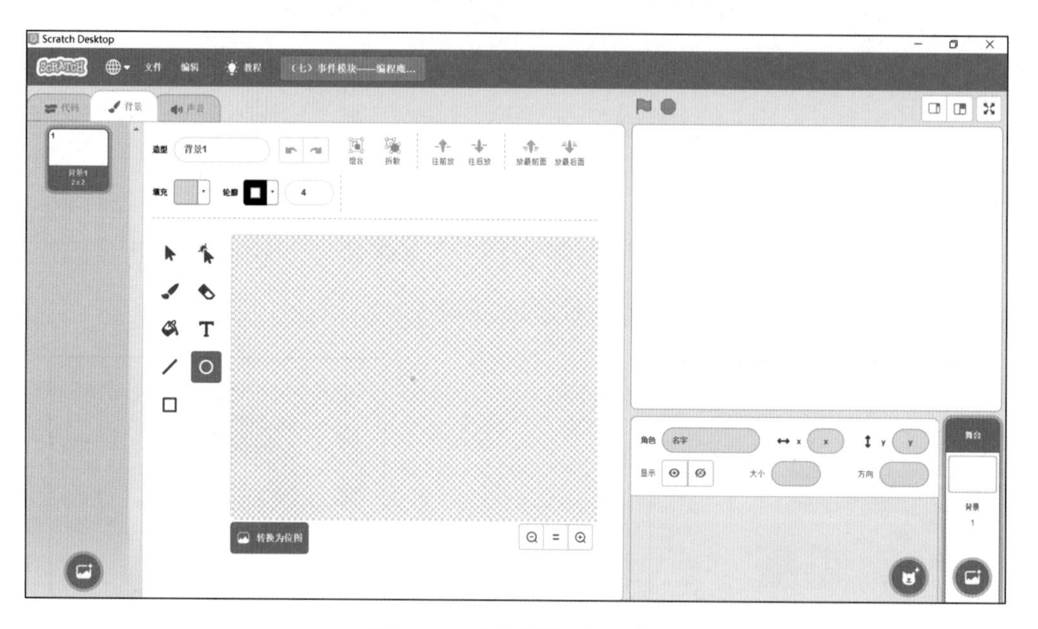

图8-3　“背景”选项卡

1. 绘制舞台背景

单击□选择矩形，通过 填充 轮廓 1 设置喜欢的颜色和轮廓，然后在显示区中进行矩形绘制，如图 8-4 所示。

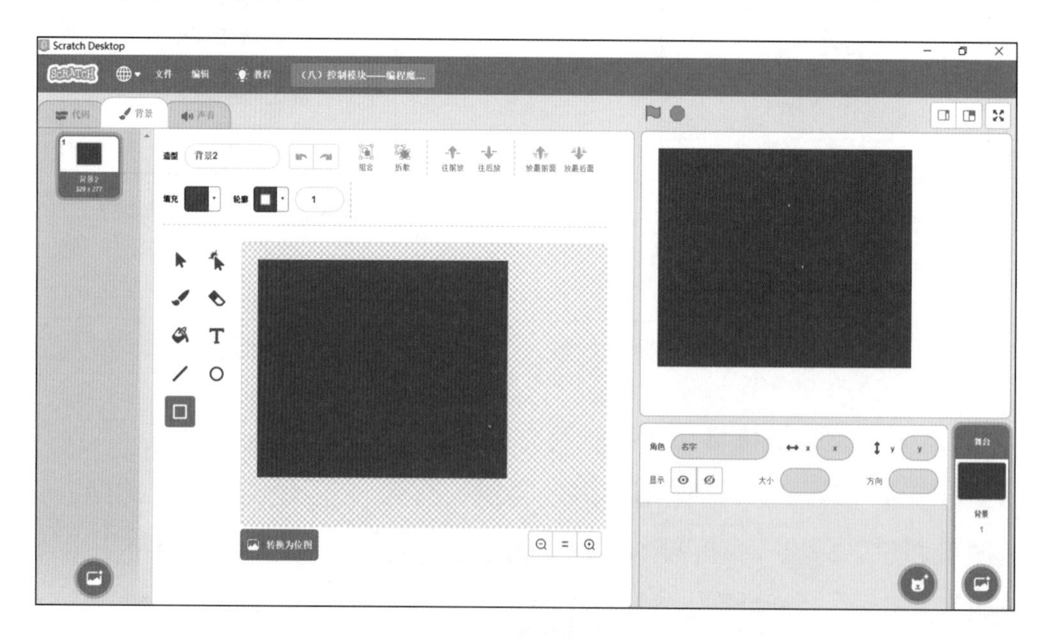

图8-4　绘制矩形背景

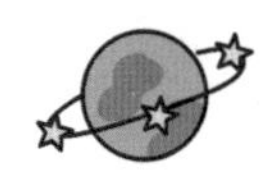

单击选择线段，通过 轮廓 100 设置颜色和轮廓，再进行线段绘制，这样隧道也就完成了，如图 8-5 所示。

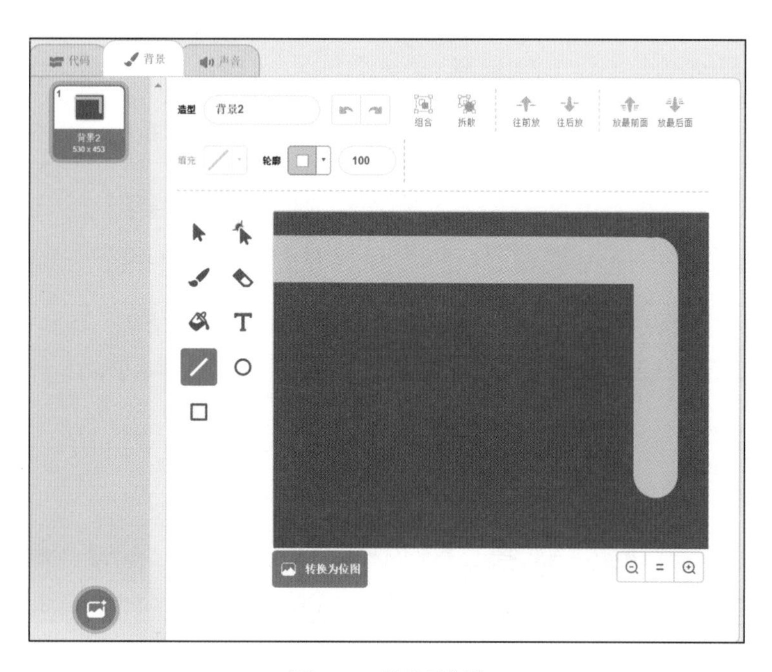

图8-5 绘制隧道

单击选择线段，通过 填充 轮廓 6 设置颜色和轮廓，再进行圆形绘制，这样隧道深处的“终点”也就完成了，如图 8-6 所示。

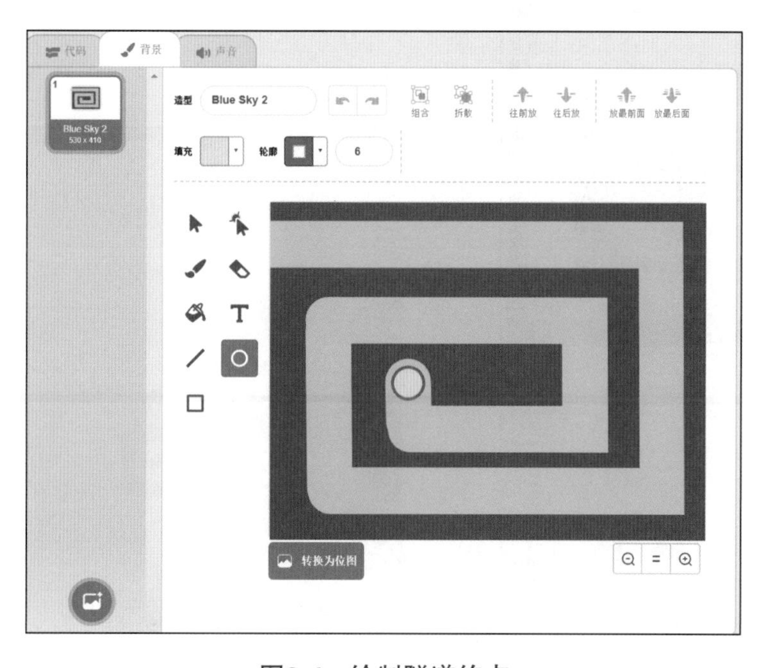

图8-6 绘制隧道终点

2. 设置“病毒怪”的初始状态

随后，从本地电脑中添加角色“病毒怪”，并可调整角色属性值，如图 8-7 所示。

【角色区】

选中“病毒怪”角色，如图 8-7 所示。

【脚本区】

从指令区“代码”选项卡的“事件”模块中拖曳 当🏳被点击 至脚本区，从指令区“代码”选项卡的“外观”模块中拖曳 将大小设为 23 至脚本区，从指令区“代码”选项卡的“运动”模块中拖曳 移到 x: -212 y: 126 和 面向 90 方向 至脚本区，经过以上操作可设置好“病毒怪”的初始状态，即大小 23、位置（x=–212，y=126）、面向 90 度方向，如图 8-8 所示。

3. 向前行走

【脚本区】

仍然选中“病毒怪”角色，从指令区“代码”选项卡的“运动”模块中拖曳 移动 1 步 至脚本区，实现“病毒怪”“移动 1 步”的功能；从指令区“代码”选项卡的“控制”模块中拖曳 重复执行 至“脚本区”，让病毒怪“移动 1 步”重复执行，从而实现“病毒怪”不断地移动，如图 8-9 所示；同时可通过调整 1 中的数字改变移动的速度，快试试吧。

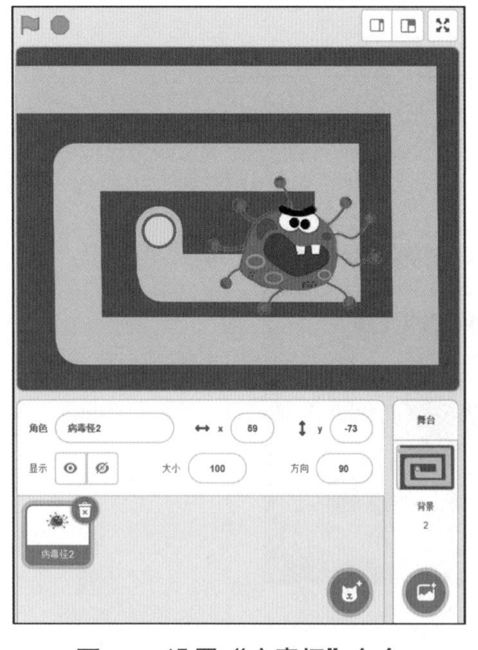

图8-7 设置“病毒怪”角色

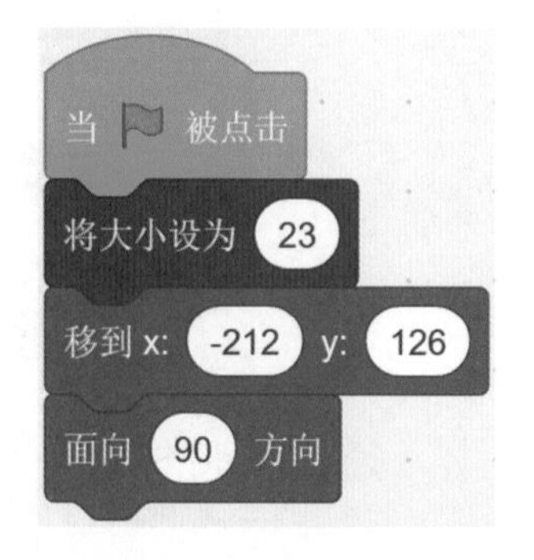

图8-8 “病毒怪”的初始状态程序

图8-9 重复移动

4. 向左转与向右转

【脚本区】

选中“病毒怪”角色，从指令区“代码”选项卡的“运动”模块中拖曳至脚本区，实现“病毒怪”左转 5 度，同时可以通过调整中的数字，改变转弯的角度值；从指令区“代码”选项卡的“控制”模块拖曳至脚本区，并从指令区“代码”选项卡的“侦测”模块中拖曳与整合，进而修改为，则当按下键盘中的“↑”时，“病毒怪”左转 5 度，如图 8-10 所示。用相同的方法可以实现右转操作，如图 8-11 所示。为了让脚本能重复执行向左转和向右转，需要将当前脚本与图 8-9 整合，如图 8-12 所示。

图8-10 按“↑”键控制左转

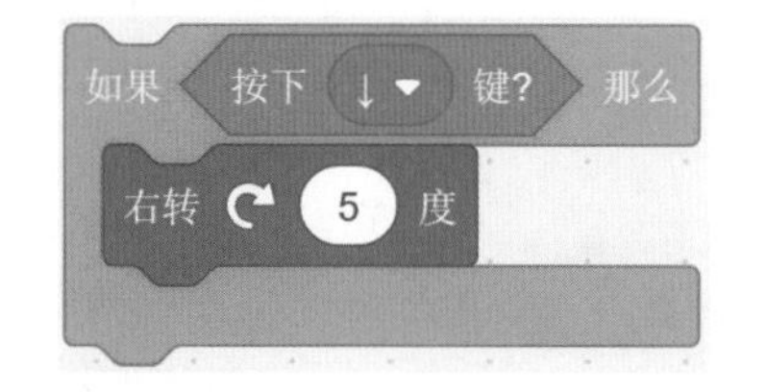

图8-11 按“↓”键控制右转

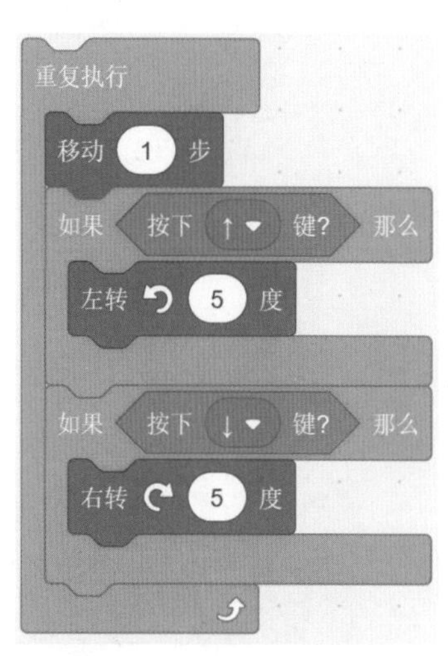

图8-12 程序拼接效果

5. 碰撞侦测与恢复初始位置

【脚本区】

选中“病毒怪”角色，从指令区“代码”选项卡的“控制”模块中拖曳至脚本区，并从指令区“代码”选项卡的“侦测”模块中拖曳与整合，进而修改为，这里需要特别提醒的是，应与隧道墙壁的颜色保持完全一致，这样才能准确进行隧道墙壁识别；若想完全让颜色保持一致，请参见图 8-13 所示的吸管取色方法。从指令区“代码”选项卡的“运动”模块中拖曳至脚本区，如图 8-14 所示。注意，在此是将位置又设置为了初始位置（x=−212，y=126），从而实现让“病毒怪”在 1 秒内被打回原处，从头再来。此后，为了让脚本能重复执行上述操作，需要将当前脚本与图 8-12 整合，最终如图 8-15 所示。

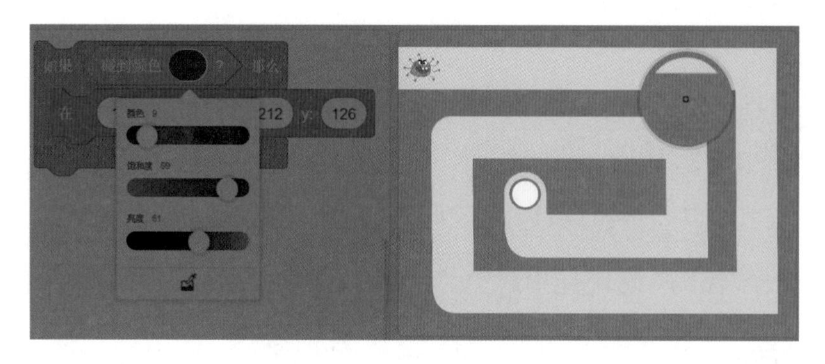

图8-13　吸管取色方法

图8-14　设置位置还原

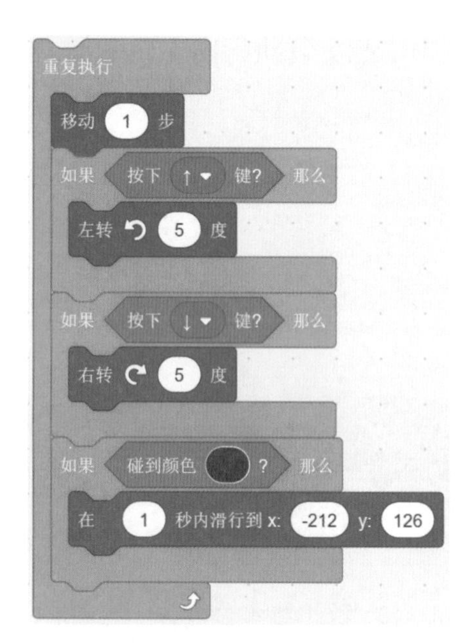

图8-15　程序拼接效果

如图 8-16 所示，将所有脚本进行组装后就可以实现“小小病毒怪”去隧道深处寻找“解药”，只要“小小病毒怪”稍不小心或控制不好转弯的角度就会被打回原处，从头再来。

探索

(1)请想一想，如果“小小病毒怪”真的能够突破难关，成功穿越了隧道，当它到达终点“解药”处后，能否停止行走呢？显然，图 8-14 所示的脚本是不能停止的，

甚至“小小病毒怪”在到达终点后继续傻傻地移动，直至碰到墙壁被打回原处。所以请大家思考如何进行程序调整？图 8-17 所示为其中一种解决方案，仅供参考。

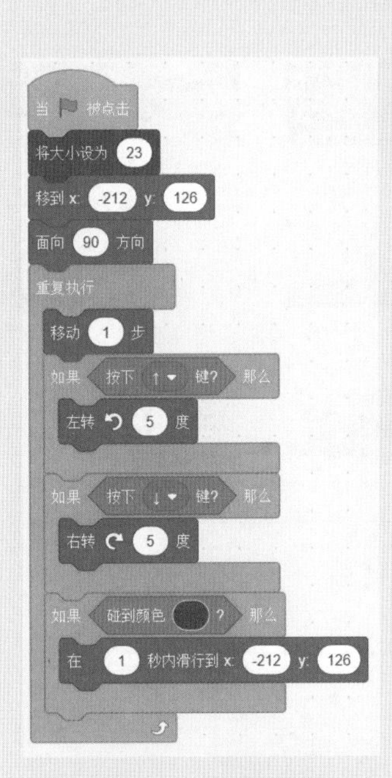

图8-16 “小小病毒怪”去隧道深处寻找“解药”

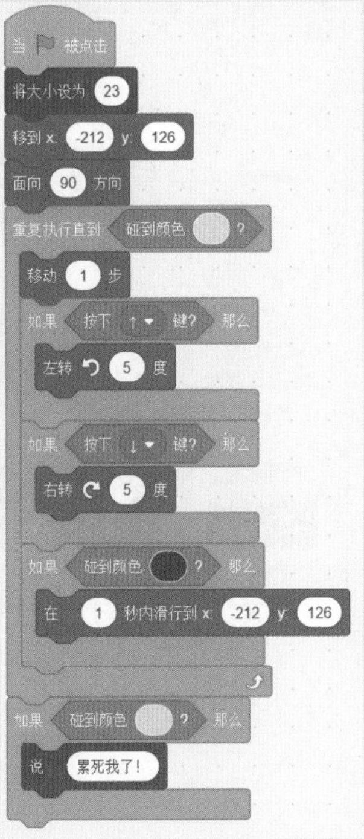

图8-17 到达终点停止移动方案

（2）请思考  与  有什么区别呢？在当前脚本中我们还能怎么调整呢？

（3）请思考 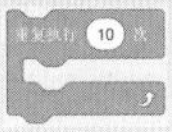 、  与  三者又有什么区别呢？它们都各自适用于什么场合呢？

游 戏 场 景

据说，冰冷潮湿的空间是“病毒怪”存活和散播的理想环境，它们可以进行快速复制，由一只变为多只。让我们迅速对“病毒怪”展开捕捉，用鼠标点击“病毒怪”，就会让它在发出叫声的同时立刻消失。请大家快来一起帮忙吧！

参照图 8-18 添加舞台背景。从本地电脑中添加角色“病毒怪”,并设置它的各项属性，如图 8-19 所示。

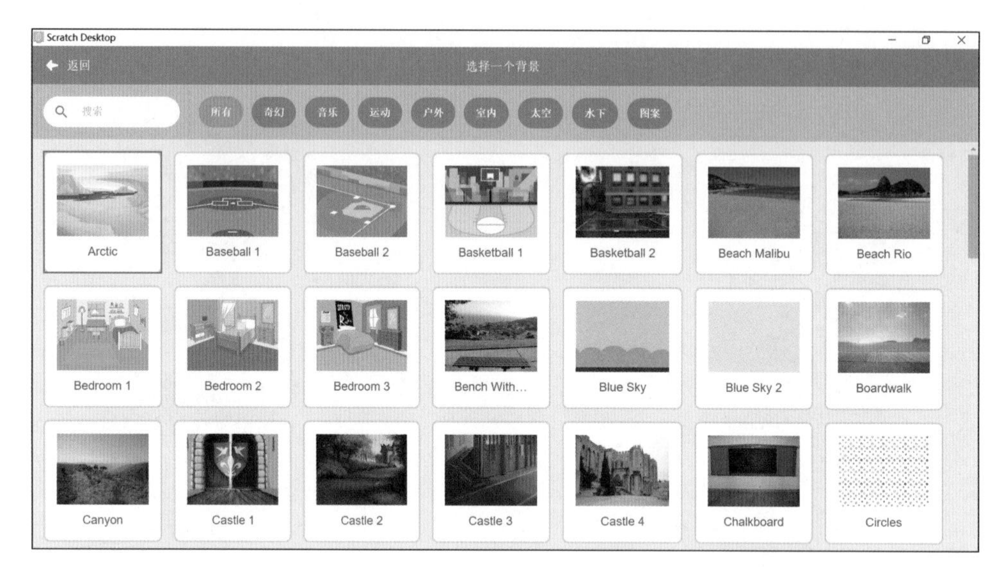

图8-18　添加舞台背景

图8-19　添加角色

6. 

【角色区】

选中“病毒怪”角色，如图 8-19 所示。

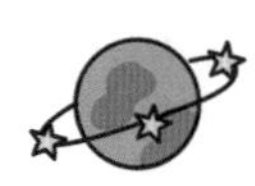

【脚本区】

从指令区“代码”选项卡的“事件”模块中拖曳 至脚本区，实现当单击 时执行下方所有程序块；从指令区“代码”选项卡的“控制”模块中拖曳 至脚本区，实现“病毒怪”角色能在单击 时克隆（复制）出 1 个自己；从指令区“代码”选项卡的“控制”模块中拖曳 至脚本区，实现克隆“病毒怪”操作，重复执行 10 次，即克隆出 10 只“病毒怪”；哪里有 10 只“病毒怪”呢？为何我们只看到一只呢？此时需要提醒大家，克隆出的 10 只“病毒怪”大小、位置完全一致，由于完全重叠在了一起，所以我们只能看到最上层的一只，为了解决这个问题，可以从指令区“代码”选项卡的“运动”模块中拖曳 至脚本区，实现 10 只“病毒怪”灵活排布，任意在舞台区移动到随机位置，最终脚本如图 8-20 所示。不对呀！怎么有 11 只“病毒怪”呢？哈哈，没错，因为进行了 10 次克隆，再加上最初的自身就是 11 只了。当然大家可以把角色的“显示属性”设置为 ，这样就是 10 只“病毒怪”了。

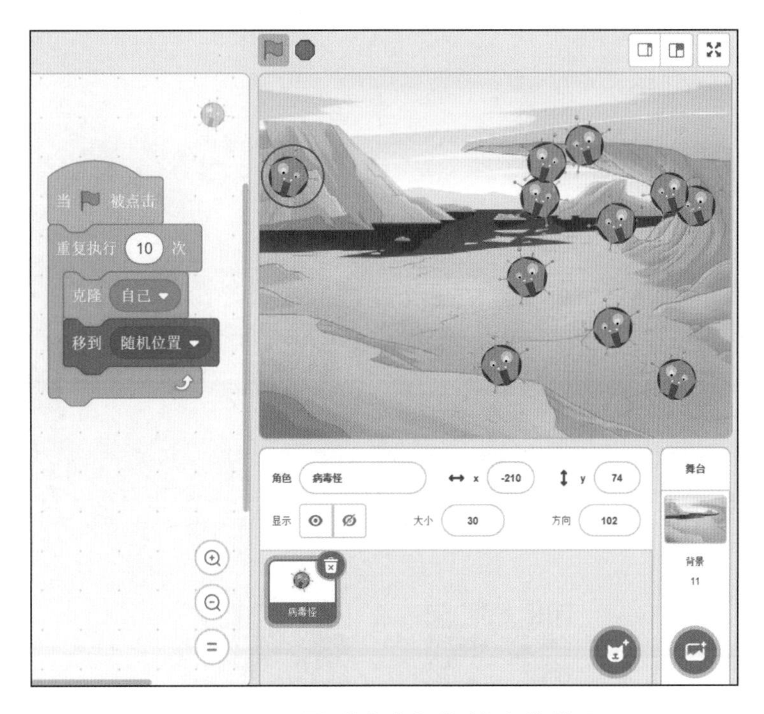

图8-20 设置“病毒怪”的隐藏效果

7.

【角色区】

选中“病毒怪”角色，如图 8-19 所示。

【脚本区】

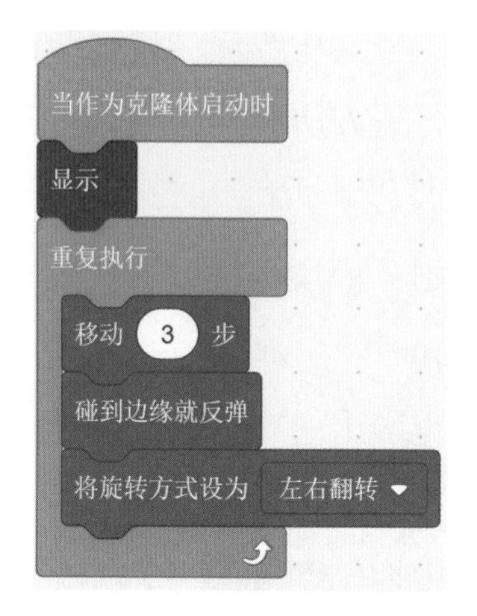

图8-21　克隆体动起来

从指令区“代码”选项卡的“控制”模块中拖曳“当作为克隆体启动时”至脚本区，实现当复制出来的克隆体启动时执行下方所有程序块；从指令区“代码”选项卡的“外观”模块中拖曳“显示”至脚本区，实现让“病毒怪”克隆体能够每次作为克隆体启动时都能显示于舞台区；从指令区“代码”选项卡的“运动”模块中依次拖曳“移动 3 步”、“碰到边缘就反弹”和“将旋转方式设为 左右翻转”至脚本区，并可灵活修改“3”中值的大小，实现“病毒怪”克隆体的左右灵活移动；从指令区“代码”选项卡的“控制”模块中拖曳“重复执行”至脚本区，并与原有程序进行整合，如图 8-21 所示，至此“病毒怪”克隆体就会动起来啦。

（1）请想方设法捕捉“病毒怪”，共同拯救我们的“编程魔力王国”吧！图 8-22 所示为捕捉方法之一，请大家尽情创作。

图8-22　捕捉“病毒怪”

（2）大家在捕捉“病毒怪”中是不是发现了很多有趣的新知识呢？比如“删除此克隆体”，大家发现它的作用了吗？请尝试一下吧！

（3）“控制”模块中的“停止 全部脚本”也是很强大的，请拖曳这个积木块到脚本区体验一下吧，舞台区究竟会发生什么呢？

视频学习

第9章 “侦测”模块

——“编程魔力王国”的侦查武器

“侦测”模块是“编程魔力王国”的侦查武器，用来检测场景中的变化，通过识别变化来为下一步操作提供条件依据。如图 9-1 和图 9-2 所示，该模块中包含了各种运动侦测、按键侦测、基本参数侦测及对话侦测功能。下面一起来体验下它们强大的作用吧！

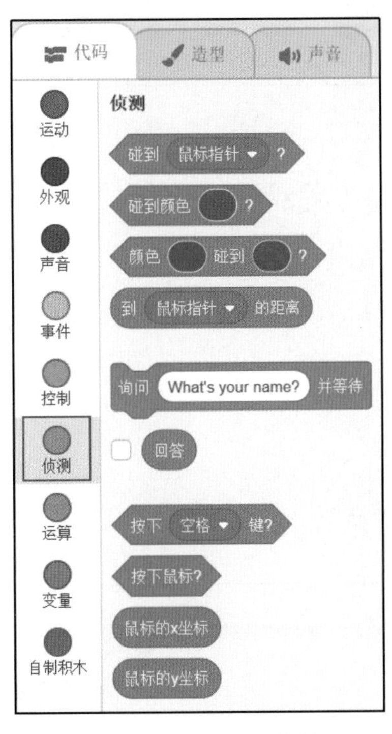

图9-1 “侦测”模块1

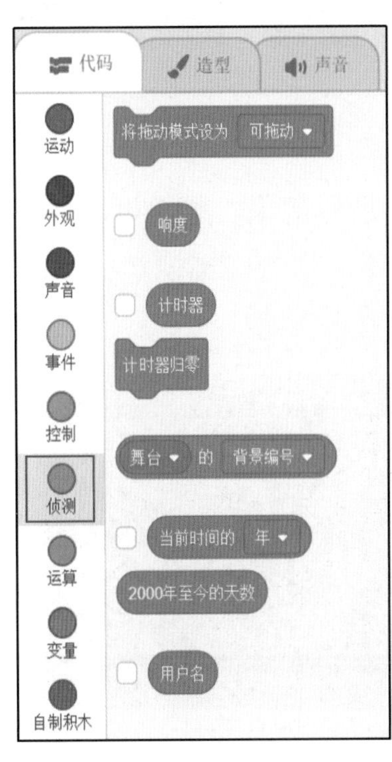

图9-2 “侦测”模块2

游 戏 场 景

“抗疫小勇士”正在尽职尽责地守护。“病毒怪”又来搞破坏了，它通过键盘中方向键进行移动。它能躲过“抗疫小勇士”的威力吗？一起来看看吧。

首先构建出宁静的夜晚场景，如图 9-3 和图 9-4 添加舞台背景。

图9-3　添加舞台背景

为了后续效果，我们再添加一个“GAME OVER（游戏结束）”背景，如图 9-5 和图 9-6 所示。通过仔细观察，“GAME OVER（游戏结束）”背景好像上下有绿色缺失，让我们修补一下吧！

图9-4　构建宁静夜晚场景

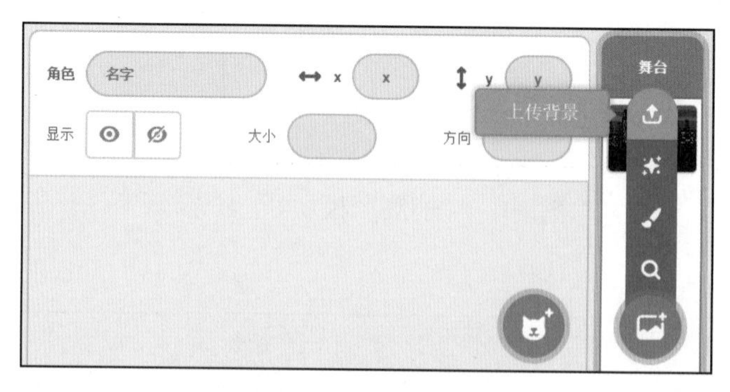

图9-5　添加新舞台背景

1. 修补舞台背景

单击填充，再单击图 9-7 中的，并移动至所需要的绿色处，再使用吸色工具将填充更改为填充。单击，并移动至背景图的绿色缺失区域，如图 9-8 所示，这样背景就修补完毕了。

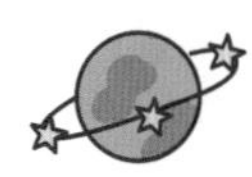

图9-6　GAME OVER（游戏结束）背景

图9-7　从背景图中取色

图9-8　填充背景颜色

随后，从本地电脑中添加“病毒怪”和“抗疫小勇士”角色，并可调整角色属性值，如图 9-9 所示。

2. 设置“病毒怪”的初始状态

【角色区】

选中“病毒怪”角色，如图 9-9 所示。

【脚本区】

从指令区“代码”选项卡的“事件”模块中拖曳 [当🏴被点击] 至脚本区；从指令区“代码”选项卡的“外观”模块中拖曳 [显示] [换成 Night City 背景] [将大小设为 50] 至脚本区，并设置所需背景及参数值；从指令区“代码”选项卡的“运动”模块中拖曳 移到x: -100 y: -100 至脚本区，并设置好初始 x、y 坐标值。综上可设置好“病毒怪”及场景的初始状态，即大小 50、位置（x=−100，y=−100），如图 9-10 所示。

图9-9　调整角色的属性值

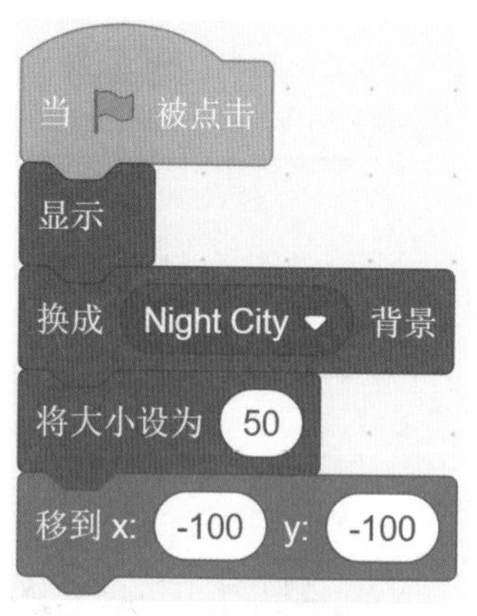

图9-10　设置初始状态

3. 用键盘的方向键控制“病毒怪”移动，并进行按键侦测

【脚本区】

从指令区“代码”选项卡的“控制”模块中拖曳 如果 那么 至脚本区；从指令区“代码”选项卡的“侦测”模块中拖曳 按下 空格 键? 至脚本区，并修改为 按下 ↑ 键? ；从指令区“代码”选项卡的“运动”模块中拖曳 将x坐标增加 -100 至脚本区，并设置参数为“5”。最终脚本如图 9-11 所示，可实现对键盘中的↑的侦测，当按下“↑”键后，“病毒怪”角色向上移动。以此类推，同样可实现图 9-12~ 图 9-14 中的操作设置，对键盘方向键的操作进行侦测。

图9-11　向上移动

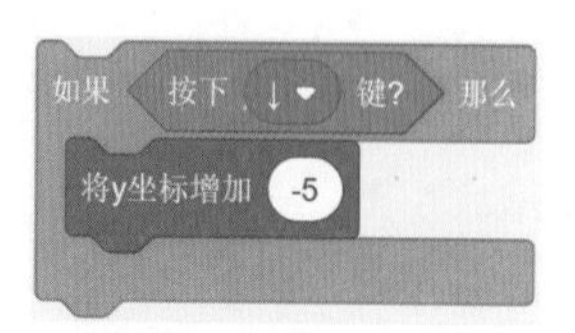

图9-12　向下移动

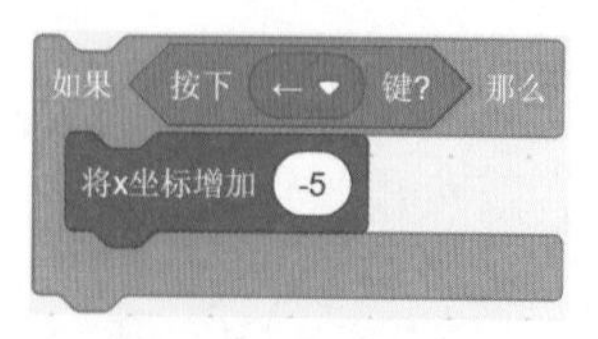

图9-13　向左移动

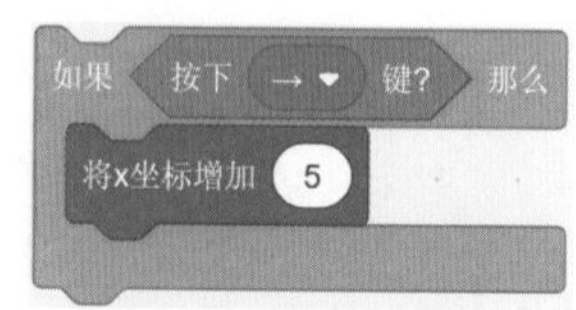

图9-14　向右移动

通过从指令区“代码”选项卡的“控制”模块中拖曳  至脚本区，让上述侦测

操作能够重复应用，从而实现“病毒怪”重复不断地移动，如图 9-15 所示。

4. 碰撞检测

【脚本区】

选中“病毒怪”角色，从指令区“代码”选项卡的“控制”模块中拖曳 如果 那么 至脚本区，并从指令区“代码”选项卡的“侦测”模块中拖曳 碰到颜色 ? 与 如果 那么 整合，这里需要特别提醒的是，●应与角色“抗疫小勇士”的手臂颜色保持完全一致，这样才能准确进行“手臂碰撞”识别；若想完全让颜色保持一致，请参见图 8-13 所示的吸管取色方法吧。从指令区“代码”选项卡的“外观”模块中拖曳 换成 Night City 背景 至脚本区，并修改为 换成 GAME OVER 背景；从指令区“代码”选项卡的“外观”模块中拖曳 隐藏 至脚本区；从指令区“代码”选项卡的“控制”模块中拖曳 停止 全部脚本 至脚本区；至此脚本如图 9-16 所示，即可实现当“病毒怪”碰撞到“抗疫小勇士”的手臂时游戏结束，同时“病毒怪”消失。

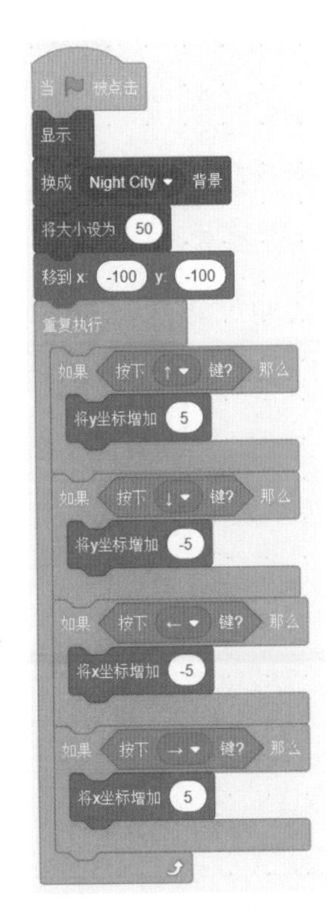

图9-15 实现不断行走

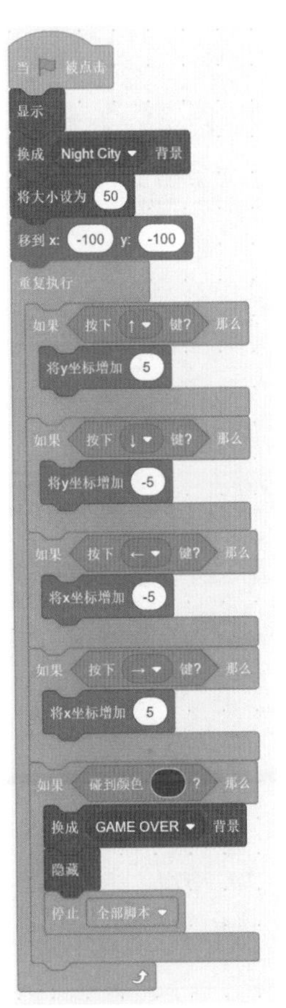

图9-16 游戏结束代码设置

游戏场景

“病毒怪”更狡猾了，当它被“抗疫小勇士”抓住时，竟然使用苦肉计，开始求饶了。如果“抗疫小勇士”心软了，则“病毒怪”会一溜烟地跑掉；否则游戏才会终止。“病毒怪”的苦肉计能得逞吗?

5. 询问与回答

【脚本区】

当狡猾的“病毒怪”被“抗疫小勇士”抓住后，便开始求饶了，选中“病毒怪”角色，从指令区“代码”选项卡的“侦测”模块中拖曳至脚本区，并修改问题为“求求你，放了我好不好？”，此时“病毒怪”就会期待“抗疫小勇士”的回答；而回答的内容并不是唯一的，因此需要引入“运算”模块。从指令区“代码”选项卡的“运算”模块中拖曳至脚本区，并从指令区“代码”选项卡的“侦测”模块中拖曳与其整合为。如果“抗疫小勇士”拒绝放掉“病毒怪”，则修改参数为“不好”；从指令区“代码”选项卡的“控制”模块中拖曳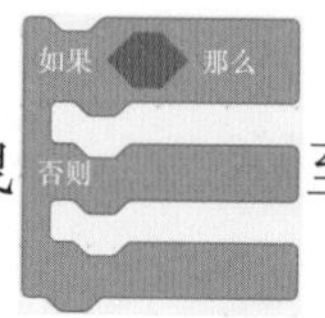

至脚本区，与上述代码整合，最终如图 9-17 所示。如果“抗疫小勇士”因为心软而放过了“病毒怪”，则“病毒怪”会一溜烟地逃到其他位置，从指令区“代码”选项卡的“外观”模块中拖曳和至脚本区，并修改参数为“心软了吧！”再从指令区“代码”选项卡的“运动”模块中拖曳至脚本区，最终如图 9-18 所示，即可实现逃跑的场景。

游戏场景

面对狡猾的“病毒怪”，“抗疫小勇士”加大了人员数量，并且每 5 秒就会随机变换一次队形，使“病毒怪”防不胜防！

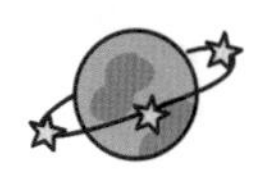

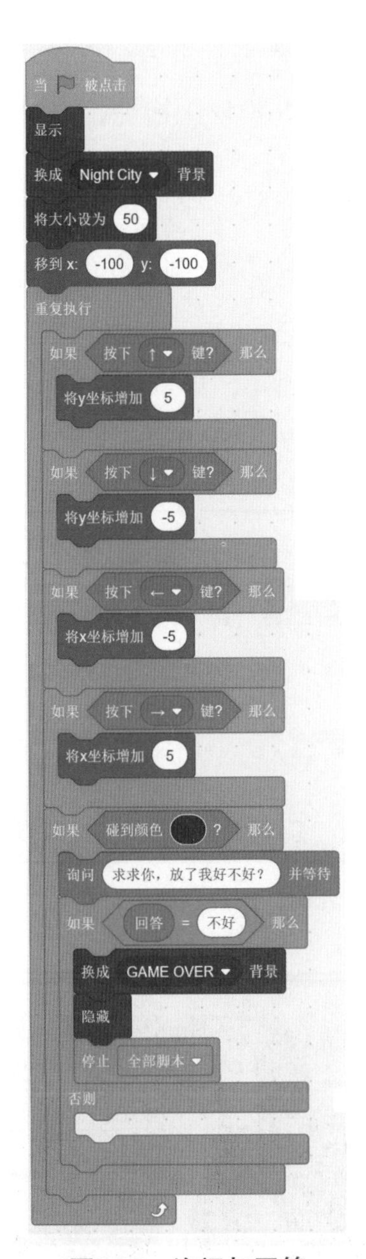

图9-17 询问与回答

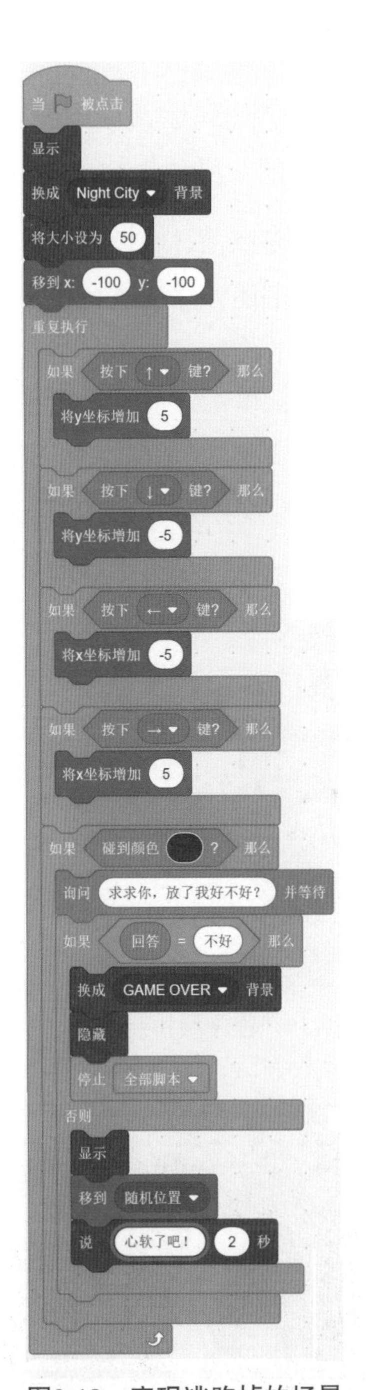

图9-18 实现逃跑掉的场景

6.“抗疫小勇士”增加人员数量并随机变换队形

【角色区】

选中“抗疫小勇士”角色，如图 9-9 中所示。

【脚本区】

从指令区“代码”选项卡的“事件”模块中拖曳 至脚本区；从指令区“代码”选项卡的“运动”模块中拖曳 至脚本区，可结合实际情况灵活设置所需参数值；从指令区“代码”选项卡的“控制”模块中拖曳 和 至脚本区，并与上述程序块进行拼装，如图 9-19 所示。

【角色区】

用鼠标右键单击（简称右击）“抗疫小勇士”角色，选择“复制”功能，即可复制出多个“抗疫小勇士”，如图 9-20 所示。伴随 的单击，“抗疫小勇士”将随机分布在不同位置，并且每 5 秒随机变换一次队形，如图 9-21 和图 9-22 所示。如果还是觉得难度不够，可以通过调整“抗疫小勇士”的数量，增加游戏的难易程度，快体验一下吧！

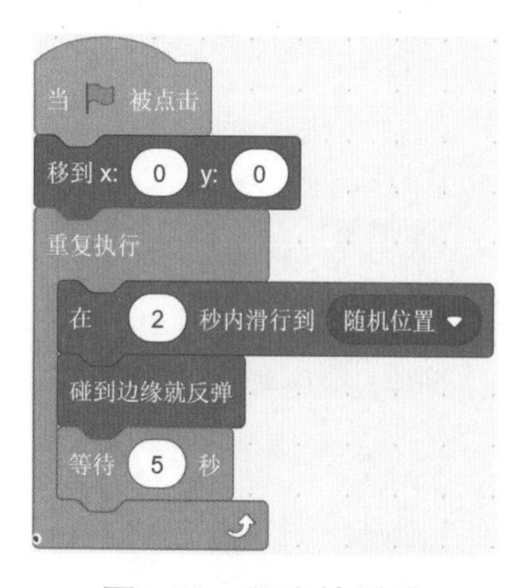

图9-19　程序块拼装

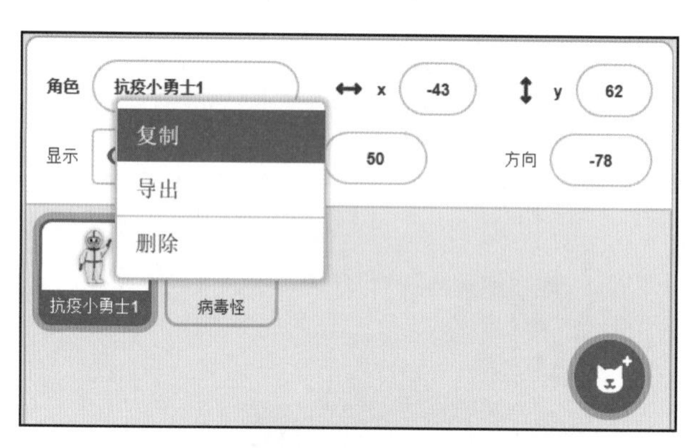

图9-20　复制“抗疫小勇士”角色

图9-21　“抗疫小勇士”将随机分布

图9-22　随机变换队形

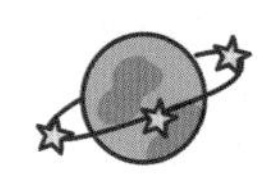

探索

（1）请用 颜色（）碰到（）? 替换脚本中的 碰到颜色（）? ，同时认真思考 颜色（）碰到（）? 中颜色应该如何设置以及这二者的区别。

（2）当前游戏场景是“病毒怪”碰到“抗疫小勇士”的手臂就会终止游戏，如果把游戏场景修改为“碰到鼠标指针”终止游戏，是不是也难不住大家呢？请大家应用 碰到（鼠标指针）? 体验一下吧！

（3）按下（↑）键? 中还可以支持多种键盘操作，请大家试试用图 9-23 中的各种键进行操作吧。

（4）回答 响度 计时器 用户名 均可在选中后显示于舞台区域，如图 9-24 所示。例如，响度 变量可以随时知道当前环境中声音的响度值，当大声说话时，响度值会增大；小声说话时，响度值会减小，可以进一步对响度进行侦测。

（5）到（鼠标指针）的距离 舞台的（背景编号） 2000年至今的天数 回答 响度 计时器 用户名 均可作为参数存放于其他控件中，例如（舞台的 backdrop #）+（2000年至今的天数），体验一下吧。

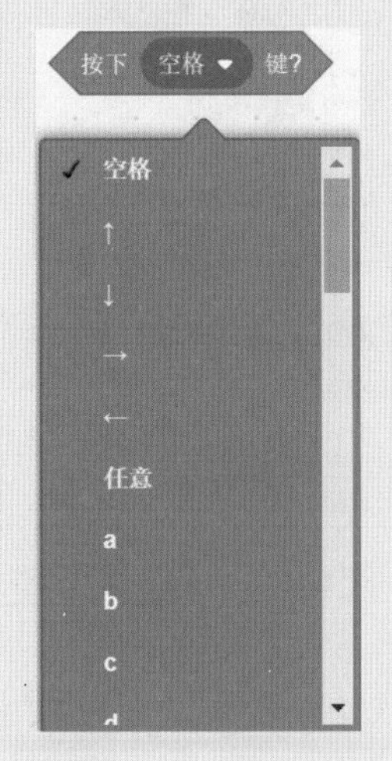

图9-23 多种按键

图9-24 舞台区域效果

视频学习

第10章 “运算”模块

——“编程魔力王国”的计算器

“病毒怪”闯入了“编程魔力王国”的计算中心，看到各式各样的计算工具，让它头昏脑涨！来吧，给它见识一下我们强大的计算器——“运算”模块，如图 10-1～图 10-3 所示。“运算”模块能够进行多种运算操作，例如基本的数学运算、取随机数、比较运算、逻辑运算、字符串处理，以及一些特殊的算术运算。让我们来一起学习吧！

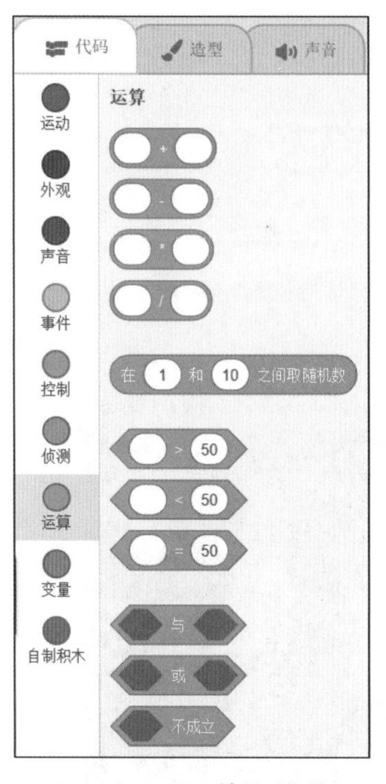

图10-1 “运算”模块1

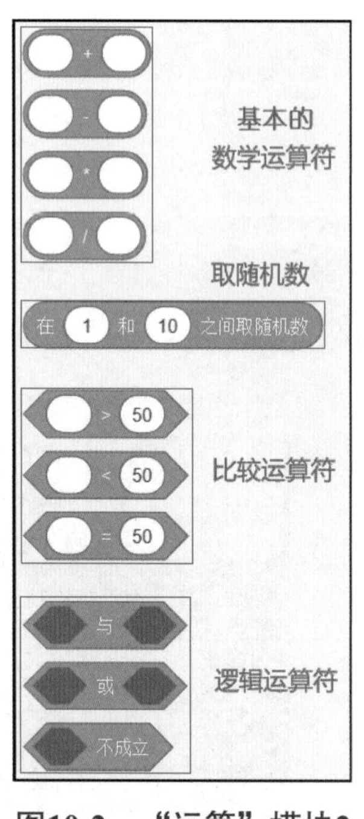

图10-2 “运算”模块2

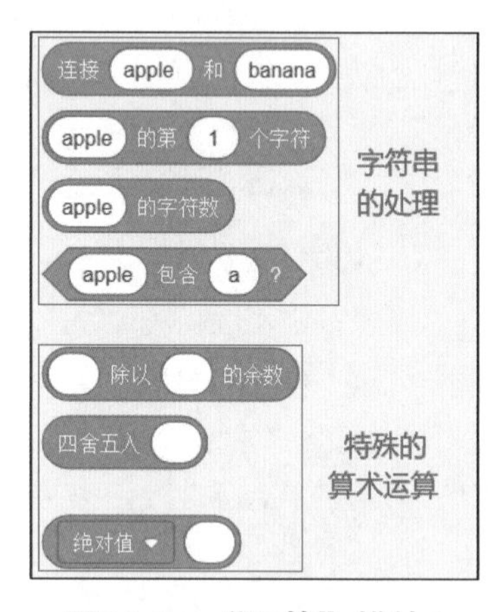

图10-3 “运算”模块3

哈哈，来测一下“病毒王”的智商吧！首先布置评测考场，参照图 10-4 和图 10-5 添加舞台背景。

从本地电脑添加“病毒王”和“抗疫小勇士”角色，并设置为适中的大小，例如“病毒王”大小为 50，“抗疫小勇士”大小为 100，如图 10-6 所示。

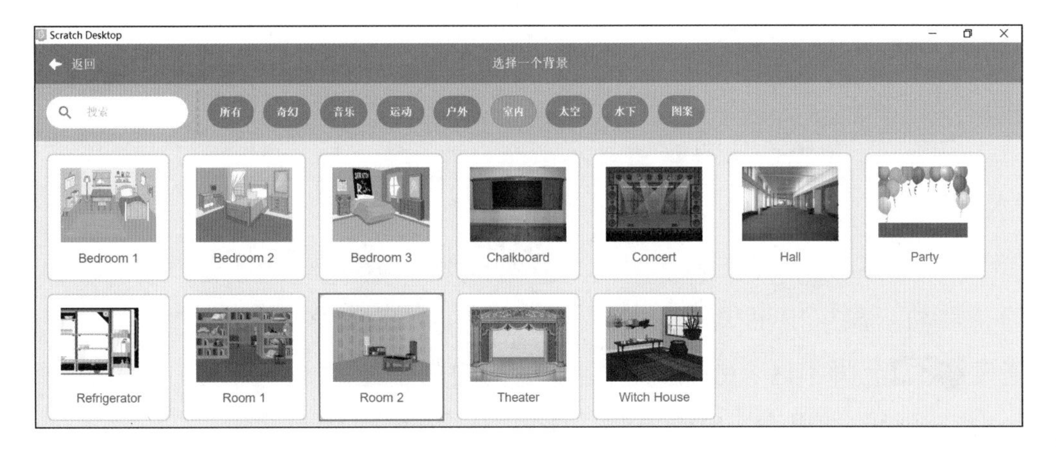

图10-4　添加舞台背景

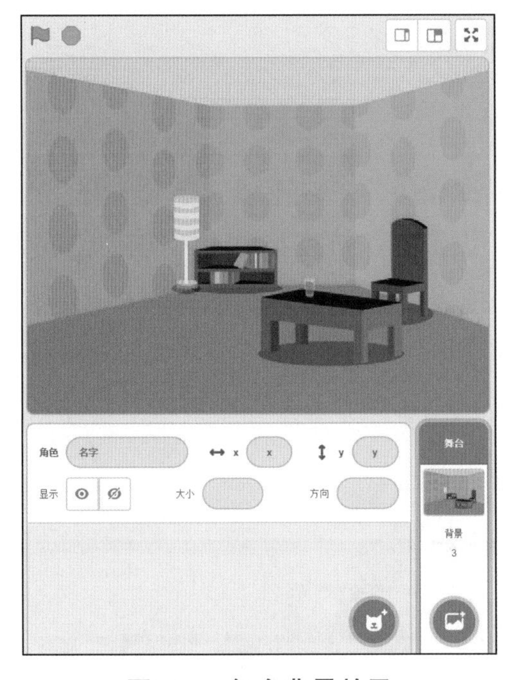

图10-5　舞台背景效果

图10-6　添加角色

游 戏 场 景

“病毒王”总是自高自大，我们要设置多道题目测测它的智商，必须答对一题才可进行下一题的测试。

1. 设置“病毒王”的状态

【角色区】

添加“病毒王”角色，如图10-6所示。

【脚本区】

从指令区“代码”选项卡的“事件”模块中拖曳“当🏳被点击”至脚本区，从指令区“代码”选项卡的“运动”模块中拖曳“移到x: -160 y: -26”至脚本区，从指令区“代码”选项卡的“外观”模块中拖曳“思考 嗯……”至脚本区，设置好“病毒王”的初始位置（x=–160，y=–26）和因为紧张害怕而始终保持的“思考”状态，如图10-7所示。

2. 设置“抗疫小勇士”的状态并进行自我介绍

【角色区】

选中“抗疫小勇士”角色，如图10-6所示。

【脚本区】

从指令区“代码”选项卡的“事件”模块中拖曳“当🏳被点击”至脚本区，从指令区“代码”选项卡的“运动”模块中拖曳“移到x: 133 y: -9”至脚本区，设置好“抗疫小勇士”的初始位置。

从指令区“代码”选项卡的“运算”模块中拖曳“连接 apple 和 banana”至脚本区，并修改参数为“大家好！我是”和“抗疫小勇士”，再从指令区“代码”选项卡的“外观”模块中拖曳“说 你好！ 2 秒”至脚本区与上述模块拼接为一体，如图10-8所示，程序执行时显示效果为“大家好！我是抗疫小勇士”。

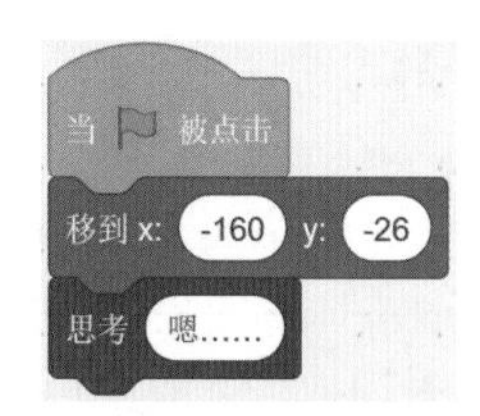

图10-7　初始位置与思考状态

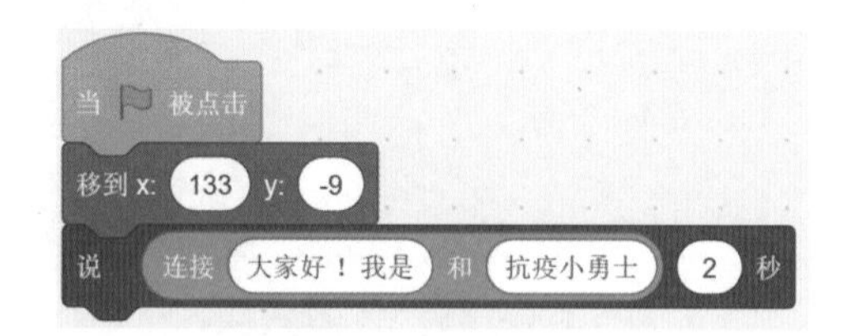

图10-8　连接字符串

从指令区“代码”选项卡的“运算”模块中拖曳“apple 的字符数”至脚本区，并修改参数为“小勇士”，则“小勇士 的字符数”的输出结果为“3”；从指令区“代码”选项卡的“运算”模块中拖曳“连接 apple 和 banana”至脚本区，并修改参数为“小勇士 的字符数”和“年级”，则“连接 小勇士 的字符数 和 年级”的输出结果为“3年级”；再从指令区“代码”选项卡的“外观”模块中拖曳“说 你好！ 2 秒”至脚本区与上述模块拼接为一体，即“说 连接 小勇士 的字符数 和 年级 2 秒”，程序执行时显示效果为“3年级”。

从指令区“代码”选项卡的“外观”模块中拖曳两个“说 你好！ 2 秒”至脚本区，并修改参

数为“一起来检测病毒王的智商吧！”和“请听题！”，时间也需要进行适当调整，最终程序如图 10-9 所示。

3. 第一题的询问与回答

【角色区】

添加“抗疫小勇士”角色，如图 10-6 所示。

【脚本区】

从指令区“代码”选项卡的“侦测”模块中拖曳 询问 What's your name? 并等待 至脚本区，并修改参数为“5+（8–3）=”，即 询问 5+（8-3）= 并等待；从指令区“代码”选项卡的“控制”模块中拖曳 如果 那么 否则 至脚本区，并将指令区“代码”选项卡的“外观”模块中的 说 你好！ 2 秒 修改为 说 继续第二题！ 1 秒 和 说 错误，第一题就失败了！ 2 秒，将二者分别作为真假两个分支；将“5+（8–3）=”用指令区“代码”选项卡的“侦测”模块中的程序块进行实现，即 5 + 8 - 3；用指令区“代码”选项卡的“侦测”模块中的程序块 ( ) = 50 将指令区“代码”选项卡的“侦测”模块中的 回答 与 5 + 8 - 3 绑定，即 回答 = 5 + 8 - 3；将上述程序块拼装为一体，如图 10-10 所示。

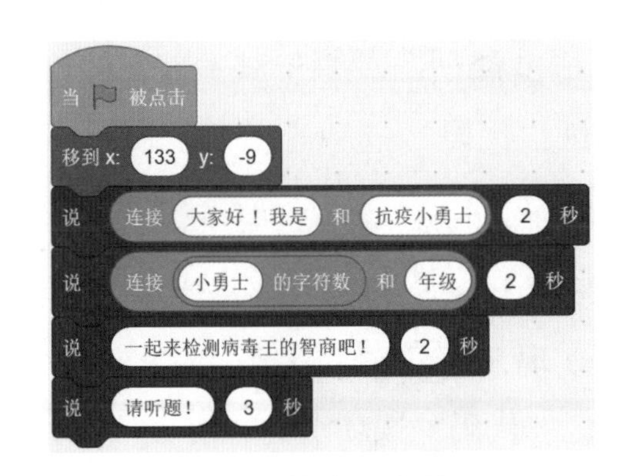

图10-9 最终程序效果

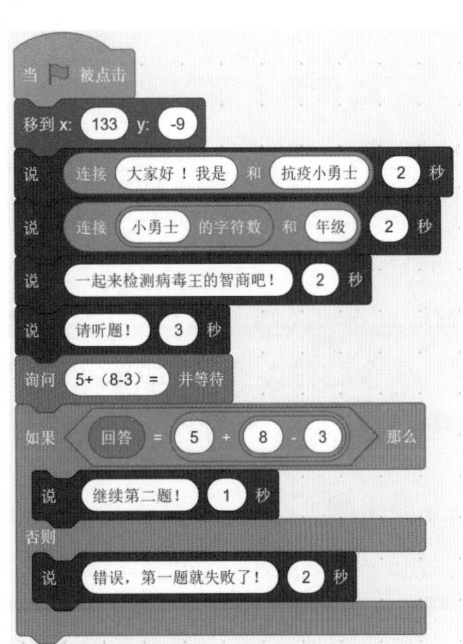

图10-10 第一题的询问与回答

4. 第二题的询问与回答

【角色区】

添加“抗疫小勇士”角色，如图 10-6 所示。

图10-11　第二题的询问与回答

【脚本区】

从指令区“代码”选项卡的“侦测”模块中拖曳询问What's your name?并等待至脚本区，并修改参数为“5+8*（1+2）/4”，即询问5+8*（1+2）/4并等待；从指令区“代码”选项卡的“控制”模块中拖曳如果那么至脚本区，并将指令区“代码”选项卡的“外观”模块中的说你好！2秒修改为说继续第三题！1秒和说错误，第二题就失败了！2秒，将二者分别作为真假两个分支；将“5+8*（1+2）/4”用指令区“代码”选项卡的“侦测”模块中的程序块进行实现，即5+8*1+2/4；用指令区“代码”选项卡的“侦测”模块中的程序块=50将指令区“代码”选项卡的“侦测”模块中的回答与5+8*1+2/4绑定，即回答=5+8*1+2/4；将上述程序块拼装为一体，如图 10-11 所示。

5. 第三题的询问与回答

【角色区】

添加“抗疫小勇士”角色，如图 10-6 所示。

【脚本区】

从指令区“代码”选项卡的“侦测”模块中拖曳询问What's your name?并等待至脚本区，并修改参数为“10/3 余数是多少”，即询问10/3余数是多少并等待；从指令区“代码”选项卡的“控制”模块中拖曳如果那么至脚本区，并将指令区“代码”选项卡的“外观”模块中的说你好！2秒修改为说继续第四题！1秒和说错误，第三题就失败了！2秒，将二者分别作为真假两个分支；将“10/3 余数是多少”用指令区“代码”选项卡的“侦测”模块中的程序块进行实现，即10除以3的余数；用指令区“代码”选项卡的“侦测”模块中的程序块=50将指令区“代码”选项卡的“侦测”模块中的回答与10除以3的余数绑定，即回答=10除以3的余数；将上述程序块拼装为一体，如图 10-12 所示。

6. 第四题的询问与回答

【角色区】

添加“抗疫小勇士”角色，如图 10-6 所示。

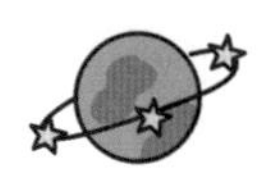

【脚本区】

从指令区“代码”选项卡的“侦测”模块中拖曳 询问 What's your name? 并等待 至脚本区，并修改参数为“bdg>bd”，即 询问 bdg>bd 并等待；从指令区“代码”选项卡的“控制”模块中拖曳 如果 那么 否则 至脚本区，并将指令区“代码”选项卡的“外观”模块中的 说 你好！ 2 秒 修改为 说 继续第五题！ 1 秒 和 说 错误，第四题就失败了！ 2 秒，将二者分别作为真假两个分支；从指令区“代码”选项卡的“运算”模块中拖曳 ( ) = 50 至脚本区，并将指令区“代码”选项卡的“侦测”模块中的 回答 与“true”作为参数，即 回答 = true；将上述程序块拼装为一体，如图 10-13 所示。

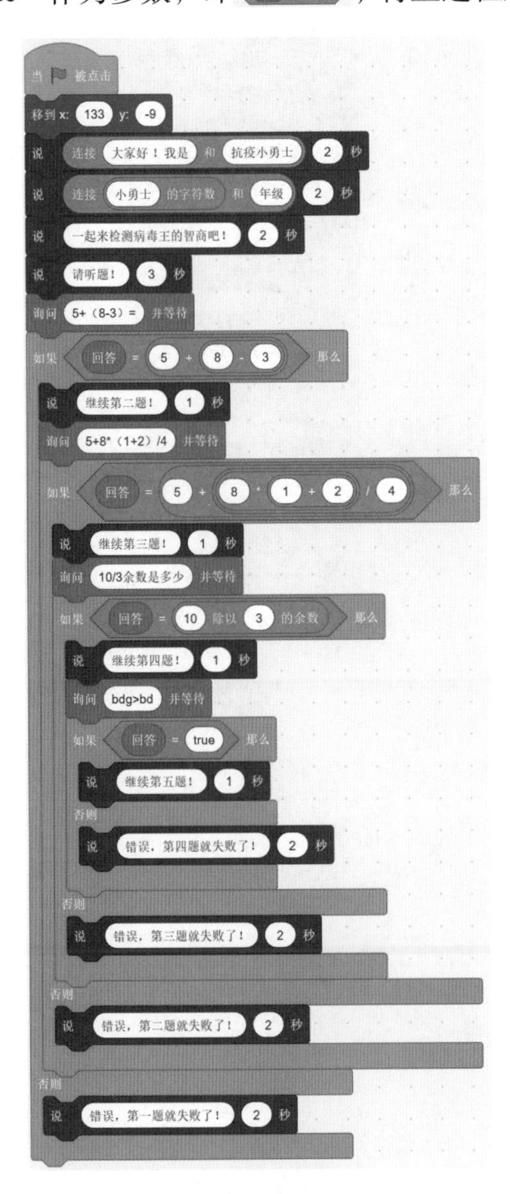

图10-12 第三题的询问与回答

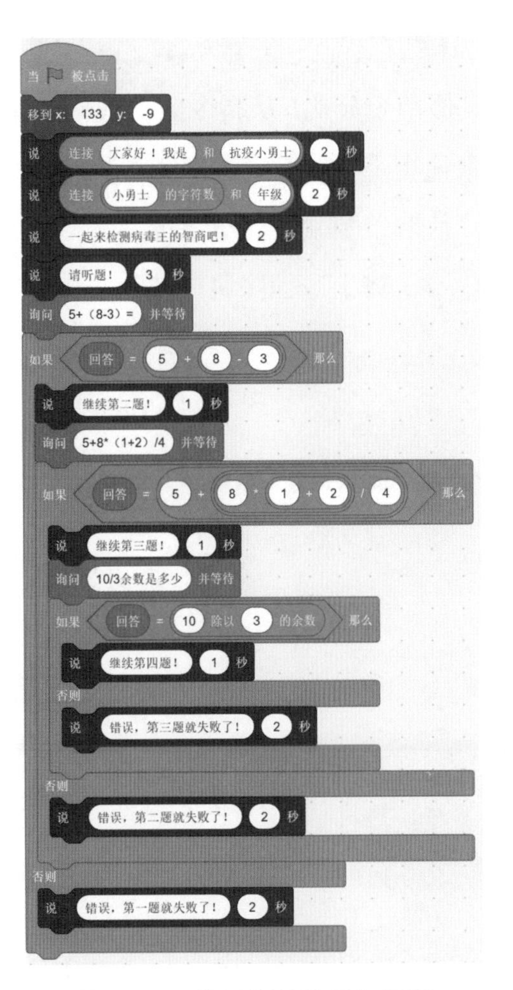

图10-13 第四题的询问与回答

7. 第五题的询问与回答

【角色区】

添加“抗疫小勇士”角色，如图 10-6 所示。

【脚本区】

从指令区“代码”选项卡的“侦测”模块中拖曳 询问 What's your name? 并等待 至脚本区，并修改参数为“冬天：能穿多少穿多少！夏天：能穿多少穿多少！两句话含义一样吗？”，即 询问 冬天：能穿多少穿多少！夏天：能穿多少穿多少！两句话含义一样吗？ 并等待；从指令区“代码”选项卡的“控制”模块中拖曳 如果 那么 至脚本区，并将指令区“代码”选项卡的“外观”模块中的 说 你好！ 2 秒 修改为 说 啊啊啊！中文太强大了！我认输！ 5 秒 和 说 错误，第五题就失败了！ 2 秒，将二者分别作为真假两个分支；从指令区“代码”选项卡的“运算”模块中拖曳 ( ) = 50 至脚本区，并将指令区“代码”选项卡“侦测”模块中的 回答 与“不一样”作为参数，即 回答 = 不一样；将上述程序块拼装为一体，如图 10-14 所示。

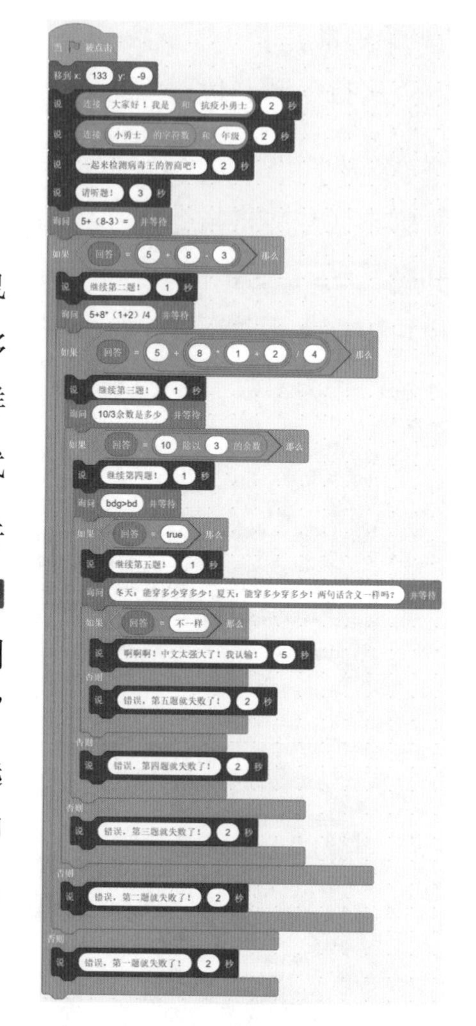

图10-14　第五题的询问与回答

请大家认真分析上述程序，判断有没有问题，再思考一下 说 啊啊啊！中文太强大了！我认输！ 5 秒 应该是哪个角色的发言，应该如何解决？能否使用广播功能呢？

思考

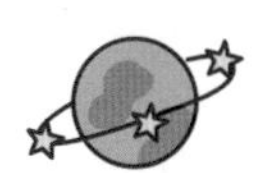

比 较 运 算

比较运算又称为关系操作、布尔表达式。可用来测试两个值之间的关系，或者表达式的大小关系，例如大于、小于、等于。值得提醒的是，Scratch 中的比较运算符全部采用六边形呈现，其中进行数值的比较尤为简易，在此不再赘述；在进行字符串比较时需要注意以下几点：

① 比较字符串大小时，会忽略字母的大小写；

② 比较字符串时，是按照字母一个一个进行比较的；

③ 空格也是字符串的一部分，因此空格也要参与比较。

逻 辑 运 算

① 与：当两个布尔表达式都为 true（真）时，结果为 true，否则为 false（假）；

② 或：只要有一个布尔表达式为 true，则结果为 true；

③ 不成立：当布尔表达式结果为 false 时，则结果为 true。

特殊的算术运算

如图 10-15 所示，可进行一些特殊运算，例如求绝对值、向下取整、向上取整、平方根、各种三角函数等。

图10-15 特殊运算

视频学习

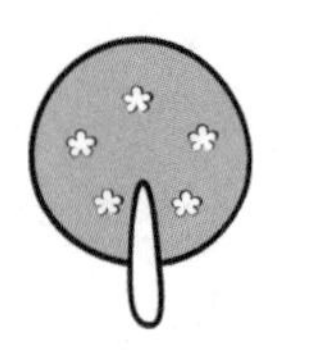
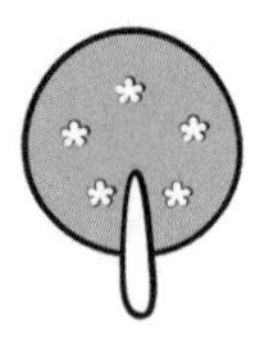

第11章 “变量”模块

——“编程魔力王国”的百变记忆力

“编程魔力王国”非常神奇，它拥有百变记忆力，将不断变化的信息准确记忆，这就是神奇的“变量”模块，如图 11-1 所示。变量究竟是什么呢？变量具有任意性和未知性，可以进行变化，在此简易理解为先进行数据保存而供后续脚本使用的信息。变量的作用又是什么呢？在当前游戏创作中，通常用变量表示类似积分、时间、生命值等经常需要变化的数据。我们一起来看看“变量”模块强大的威力吧！

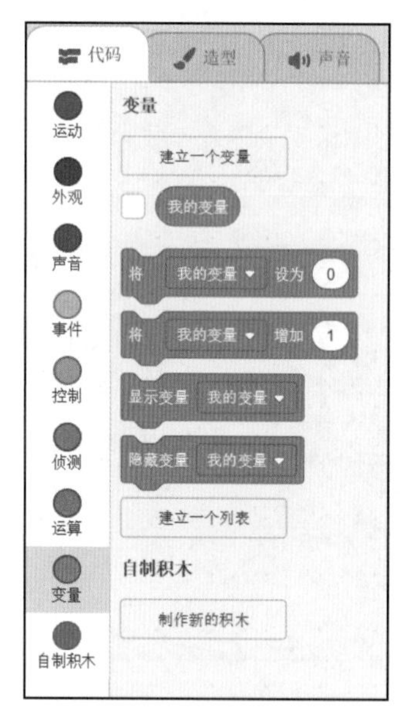

图11-1 “变量”模块

游 戏 场 景

在抗疫隔离病房中，又有 10 只“病毒怪”来入侵了，“抗疫小勇士”接到了艰巨的任务，必须在 10 秒内将“病毒怪”消灭掉，每消灭掉一只，就会增加 1 分，当积累到 10 分，就大功告成，进入“通关之门”，否则进入“激励之门”，让我们一起期待小勇士的精彩表现吧！

首先构建出“抗疫隔离病房”场景，参照图 11-2 和图 11-3 添加舞台背景。为了构建更有趣的情节，再添加图 11-4 和图 11-5 所示的两个场景，图 11-4 场景用于展示消灭“病毒怪”成功后的“通关之门”，图 11-5 场景用于展示未能在 10 秒内完成消灭“病毒怪”任务的“激励之门”。如图 11-6 所示，按操作步骤依次给 3 个场景分别设置名称为“隔离病房”“通关之门”和“激励之门”。

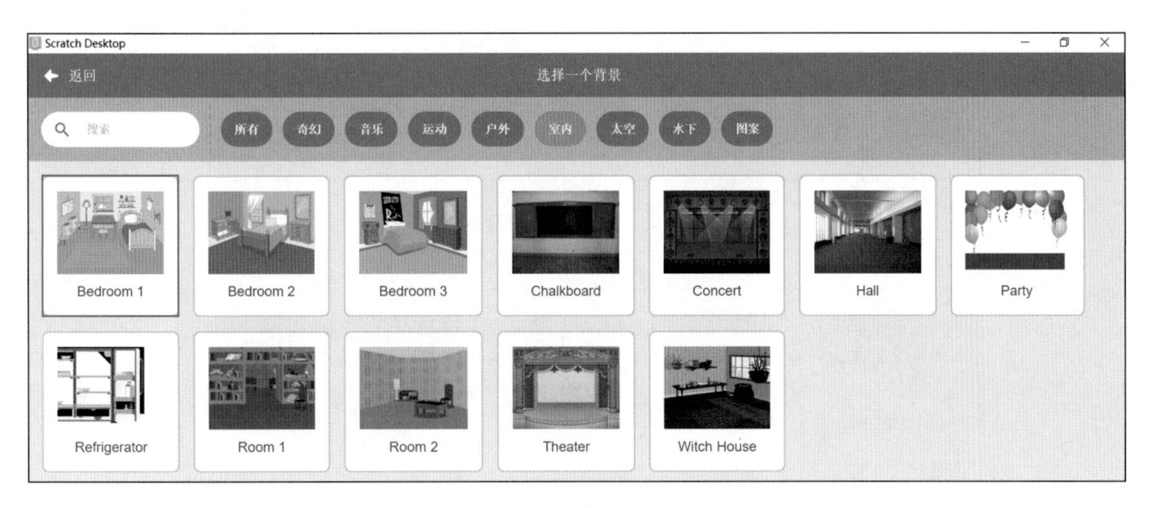

图11-2　添加舞台背景1

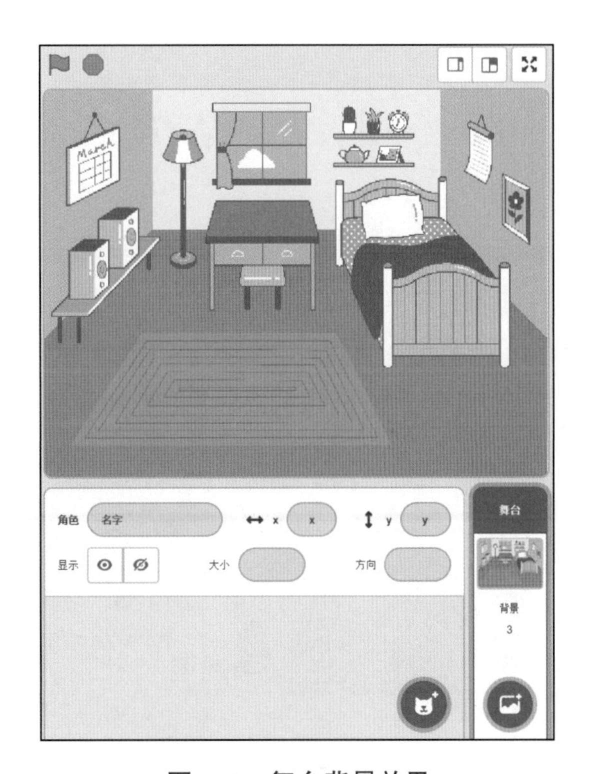

图11-3　舞台背景效果

图11-4　添加舞台背景2

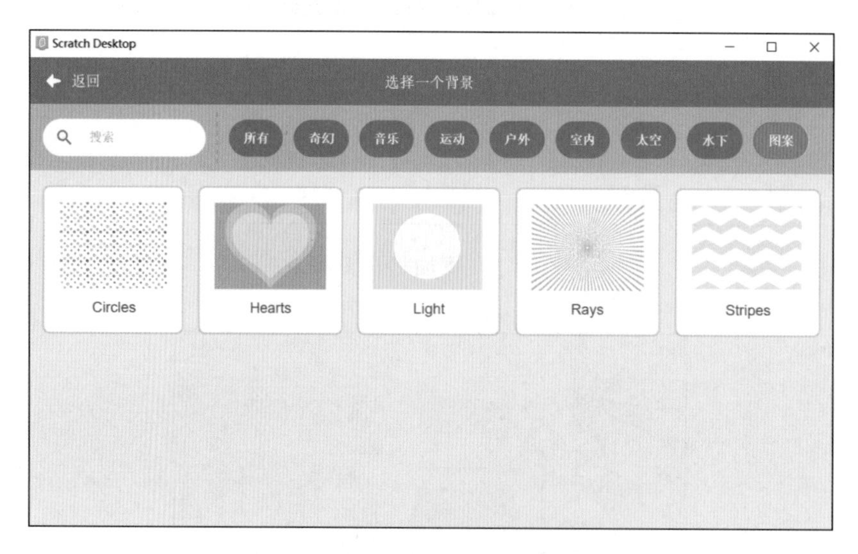

图11-5　添加舞台背景3

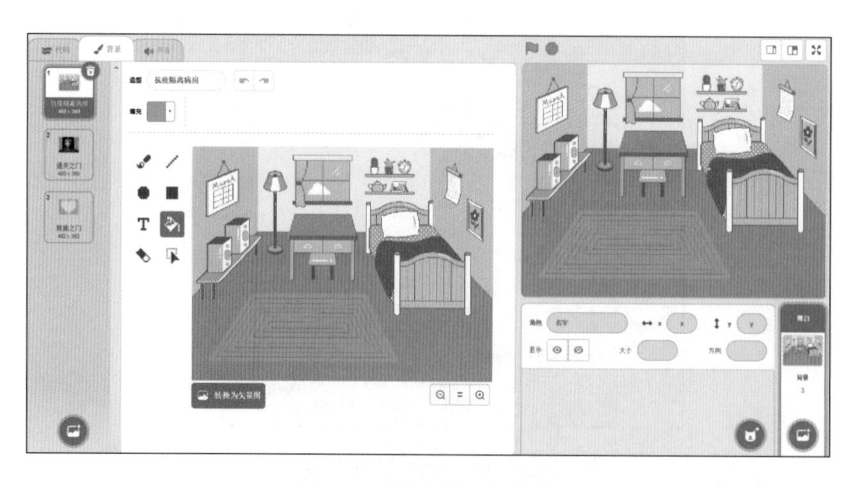

图11-6　设置场景名称

随后，从本地电脑中添加“病毒怪”和“抗疫小勇士”角色并调整角色的属性值，如图 11-7 所示。

1. 设置初始状态

【角色区】

添加“病毒怪”角色，如图 11-7 所示。

【脚本区】

从指令区“代码”选项卡的“事件”模块中拖曳 当 被点击 至脚本区，实现当单击时执行下方所有程序块；从指令区“代码”选项卡的“外观”模块中拖曳 换成 抗疫隔离病房 背景 和 显示 至脚本区，如图 11-8 所示，即设置初始背景为“抗疫隔离病房”，并让“病毒怪”角色能在单击时自动显示。

2. 创建变量及 将 分数 设为 0

【角色区】

选中“病毒怪”角色，如图 11-7 所示。

【脚本区】

在指令区“代码”选项卡的“变量”模块中，单击 建立一个变量 ，打开如图 11-9 所示的“新建变量”窗口，填写变量名称“分数”，选中 适用于所有角色，单击 确定，则指令区“代码”选项卡的“变量”模块中会显示出新建的变量 分数，选中 分数，则舞台区显示 分数 0 ，它能够进行分数统计；为了每次都从 0 开始计分，所以需要从“变量”模块中拖曳 将 分数 设为 0 至脚本区，实现当单击时“将分数设为 0”。

图11-7　调整角色的属性值

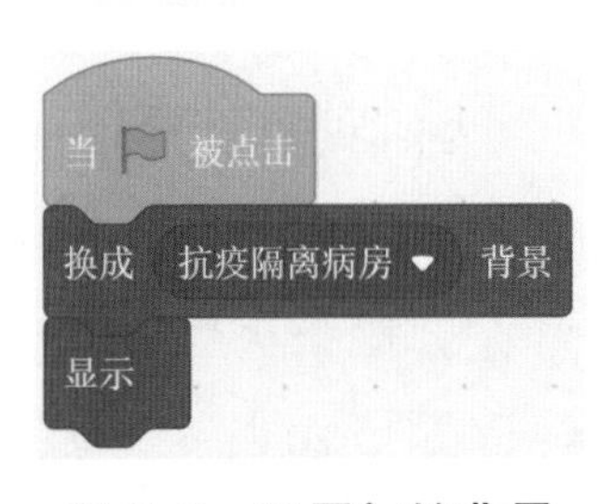

图11-8　设置初始背景

图11-9　“新建变量”窗口

探索

（1）使用☑分数可以使“分数”始终显示于舞台区，如果不选中，还有别的实现方式吗？请对显示变量 分数进行探索，发现其中的奥秘吧！

（2）◉适用于所有角色与◉仅适用于当前角色有什么区别呢？这里要给大家扩充一个关于变量的作用范围的知识，更专业的说法是作用域，它非常重要，因为由它决定了角色可以访问哪些变量。其一，◉适用于所有角色称为全局范围，相应的变量称为全局变量，它可由所有的角色共享，任何角色都能修改，有利于角色间的信息交流和同步，例如当前的分数变量。其二，◉仅适用于当前角色称为局部范围，相应的变量称为局部变量。当创建变量时，可以选择其作用范围，如果选择了◉仅适用于当前角色，那么变量只能在当前角色内访问，其他的角色只能读，不能修改。

（3）在（2）中提到的“变量值的修改”如何修改呢？将 分数 设为 0和将 分数 增加 1是不是能派上用场了呢？将 分数 设为 0表示直接赋予变量一个新的值，与之前是多少无关，是绝对的值；将 分数 增加 1则是在当前的数值上增加或减少一个数值，是相对的值。大家可先进行探索，后面会进一步讲解。

3.“病毒怪”克隆自己并移到随机位置

【角色区】

选中“病毒怪”角色，如图 11-7 所示。

【脚本区】

从指令区“代码”选项卡的“控制”模块中拖曳克隆 自己至脚本区，实现“病毒怪”角色能在单击🏴时克隆（复制）出 1 个自己；从指令区“代码”选项卡的“控制”模块中拖曳重复执行 10 次至脚本区，实现克隆“病毒怪”操作重复执行 10 次，即克隆出 10 只“病毒怪”；哪里有 10 只“病毒怪”呢？为何我们只看到一只呢？请小勇士们复习第 8 章的知识。随后从指令区“代码”选项卡的“运动”模块中拖曳移到 随机位置至脚本区，实现 10 只“病毒怪”的灵活排布，并任意在“舞台区”随机移动，最终脚本如图 11-10 所示。大家可能会发现，不对呀！怎么有 11 只“病毒怪”呢？哈哈，没错，因为进行了 10 次

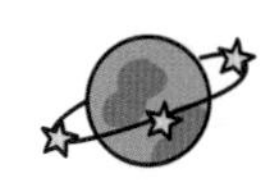

克隆，再加上最初的自身就是 11 只了。此时从指令区“代码”选项卡的“外观”模块中拖曳隐藏至脚本区，这样就是 10 只“病毒怪”了。

4. 克隆体启动时，“病毒怪”随意行走

【角色区】

选中“病毒怪”角色，如图 11-7 所示。

【脚本区】

从指令区“代码”选项卡的“控制”模块中拖曳当作为克隆体启动时至脚本区，实现当复制出来的克隆体启动时执行下方所有程序块；从指令区“代码”选项卡的“运动”模块中依次拖曳移动 5 步、碰到边缘就反弹和将旋转方式设为 左右翻转至脚本区，可实现“病毒怪”克隆体的左右灵活移动；从指令区“代码”选项卡的“控制”模块中拖曳重复执行至脚本区，并与原有程序进行整合，实现“病毒怪”克隆体的移动，如图 11-10 所示。

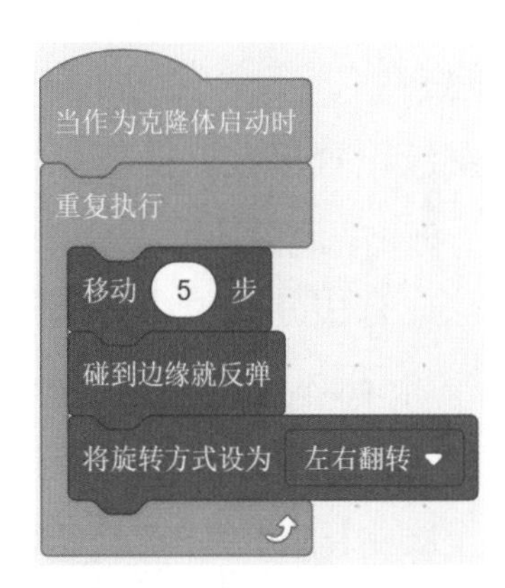

图11-10　最终脚本效果

5. 计时器与计时器归零

【角色区】

选中“病毒怪”角色，如图 11-7 所示。

【脚本区】

从指令区“代码”选项卡的“侦测”模块中选中计时器，则会在舞台区显示计时器 11.285控件，它能够时时进行计时统计；为了每次都从 0 开始计时，所以需要从“侦测”模块中拖曳计时器归零至脚本区，实现当单击时计时器归零。

6. 判断 10 秒内能否消灭完“病毒怪”，若不能则广播“别灰心！继续加油！”

【角色区】

选中“病毒怪”角色，如图 11-7 所示。

【脚本区】

从指令区“代码”选项卡的“运算”模块中拖曳 > 50至脚本区，并将指令区“代码”选项卡的“侦测”模块中的计时器和数字“10”分别作为两个参数，即计时器 > 10；再从指令区“代码”选项卡的“控制”模块中拖曳如果那么至脚本区，与上述脚本整合即可实现计时判断功能。

当 计时器 > 10 成立时，即用时超过了 10 秒，则可进行广播设置。从指令区“代码”选项卡的“事件”模块中拖曳 广播 消息1 至脚本区，并单击 消息1 创建新消息“别灰心！继续加油！”，随后再从指令区“代码”选项卡的“外观”模块中拖曳 隐藏 至脚本区，如图 11-11 所示。在第 7 章中已经学习了，用 广播 消息1 进行广播信息发送，用 当接收到 消息1 进行广播信息接收，二者应该配对出现且广播信息一定要一致，下面继续设置接收广播信息。

图11-11　克隆体动起来

【角色区】

选中“抗疫小勇士”角色，进行广播回应。

【脚本区】

从指令区“代码”选项卡的“事件”模块中拖曳 当接收到 消息1 至脚本区，并单击 消息1，选择消息“别灰心！继续加油！”，即 当接收到 别灰心！继续加油！，如图 11-12 所示。随后，从指令区“代码”选项卡的“外观”模块中拖曳 显示 和 说 你好！ 至脚本区，并修改参数为“别灰心！继续加油！”，即可实现“抗疫小勇士”角色在接收到广播信息后的操作，脚本如图 11-13 中①所示。需要提醒的是，“抗疫小勇士”角色初始状态应在舞台区不显示，所以当单击 绿旗 时应从指令区“代码”选项卡的“外观”模块中拖曳 隐藏 至脚本区并进行拼接，如图 11-13 中②所示。

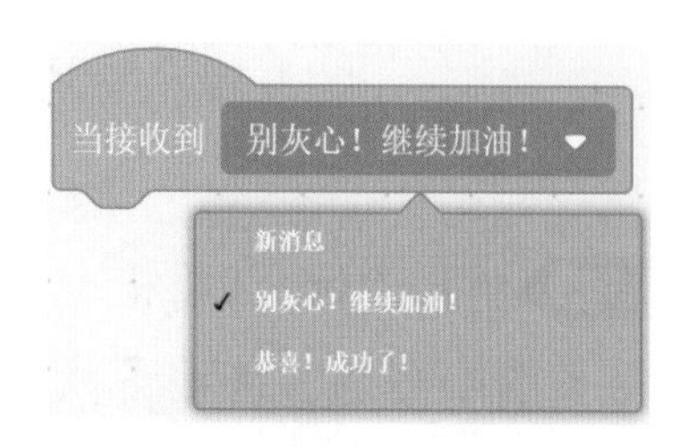

图11-12　选择“别灰心！继续加油！”消息

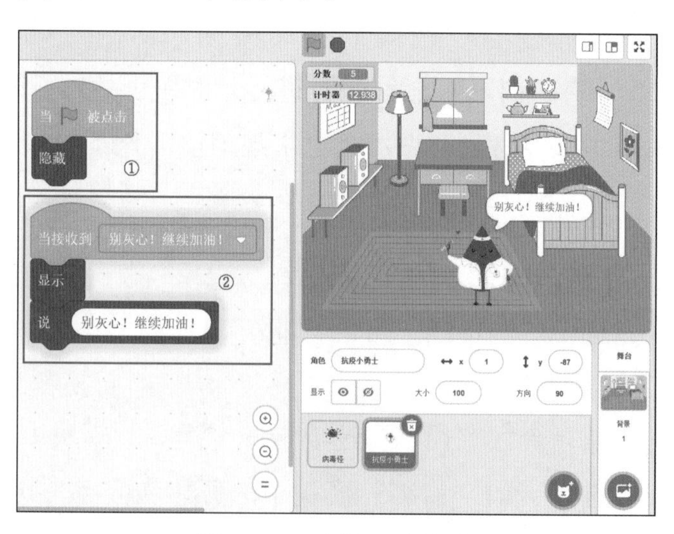

图11-13　广播回应脚本

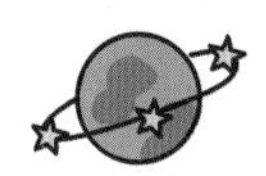

【背景区】

选中“抗疫隔离病房”背景，进行广播回应。

【脚本区】

从指令区“代码”选项卡的“事件”模块中拖曳[当接收到 消息1]至脚本区，并单击[消息1]，选择消息“别灰心！继续加油！”，即[当接收到 别灰心！继续加油！]。随后，从指令区“代码”选项卡的“外观”模块中拖曳[换成 抗疫隔离病房 背景]至脚本区，并单击[抗疫隔离病房]切换为如图 11-14 所示的“鼓励之门”背景，脚本即可实现背景区在接收到广播信息后的操作，如图 11-15 所示。

图11-14　切换为“鼓励之门”背景

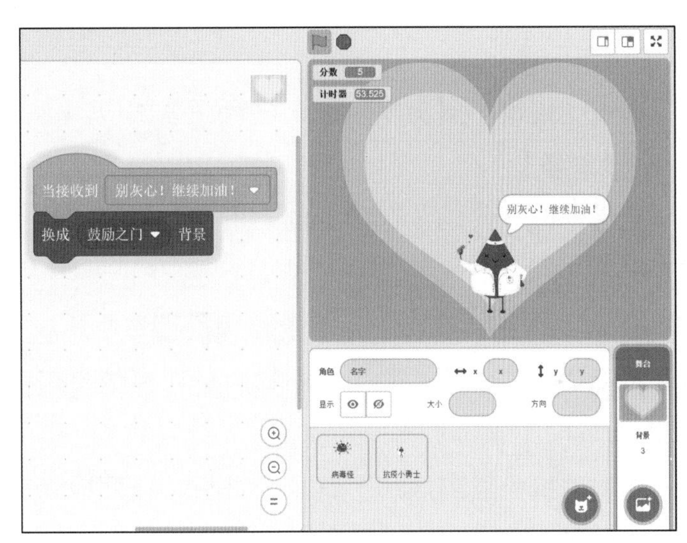

图11-15　脚本的执行效果

7. 通过单击消灭“病毒怪”，同时进行“分数”变量修改

【角色区】

选中“病毒怪”角色，如图 11-7 所示。

【脚本区】

从指令区“代码”选项卡的“事件”模块中拖曳[当角色被点击]至脚本区；从指令区“代码”选项卡的“外观”模块中拖曳[隐藏]至脚本区；再从指令区“代码”选项卡的“运算”模块中拖曳[将 分数 增加 1]至脚本区并进行拼接，即可实现当“病毒怪”角色被单击后，在隐藏的同时将“分数”变量加 1。

8. 当消灭“病毒怪”的分数达到 10 分时，则广播“恭喜！成功了！”

【角色区】

选中“病毒怪”角色，如图 11-7 所示。

【脚本区】

从指令区“代码”选项卡的“运算”模块中拖曳至脚本区，并将指令区“代码”选项卡的“变量”模块中的和数字“10”分别作为两个参数，即；再从指令区“代码”选项卡的“控制”模块中拖曳至脚本区，与上述脚本整合即可实现计分判断功能。

当成立时，即分数达到了 10 分，则进行广播设置。从指令区“代码”选项卡的“事件”模块中拖曳至脚本区，并单击创建新消息“恭喜！成功了！”，如图 11-16 所示。

【角色区】

选中“抗疫小勇士”角色，进行广播回应。

【脚本区】

从指令区“代码”选项卡的“事件”模块中拖曳至脚本区，并单击，在打开的图 11-12 中选择消息“恭喜！成功了！”，即。随后，从指令区“代码”选项卡的“外观”模块中拖曳和至脚本区，并修改参数为“恭喜！成功了！”，即可实现“抗疫小勇士”角色在接收到广播信息后的操作”，脚本如图 11-17 所示。

【背景区】

选中“抗疫隔离病房”背景，进行广播回应。

【脚本区】

从指令区“代码”选项卡的“事件”模块中拖曳至脚本区，并单击，选择消息“恭喜！成功了！”，即。随后，从指令区“代码”选项卡的“外观”模块中拖曳至脚本区，并单击切换为。最后，从指令区“代码”选项卡的“控制”模块中拖曳至脚本区，实现通关后，停止全部脚本，如图 11-18 所示。

图11-16　通过判断进行广播

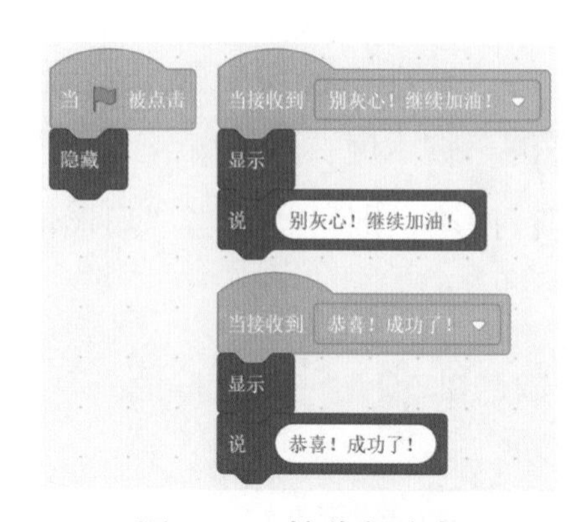

图11-17　接收新消息

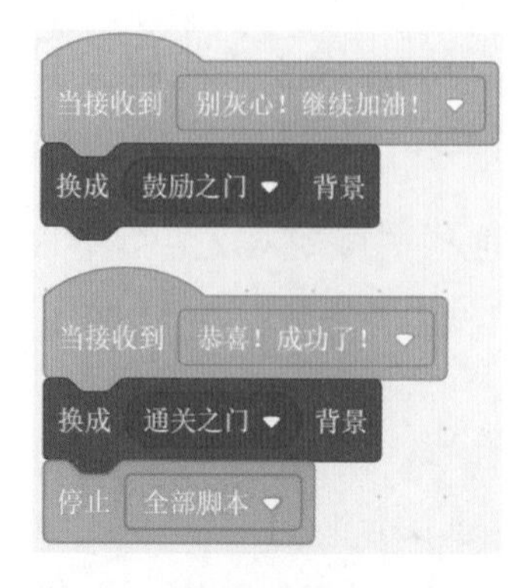

图11-18　通关后停止全部脚本

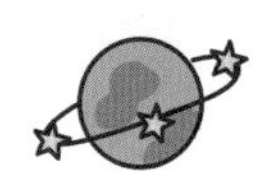

探索

通过 将 分数 增加 1 可以实现分数增加，如果想减少分数，该如何操作呢？请小伙伴们赶快上手试试吧！

有了变量的“编程魔力王国”拥有了百变记忆力，用变量可以表示类似积分、时间、生命值等经常需要变化的数据。但是如果想保存很多数据，那该怎么办呢？哈哈，别担心，我们再来认识一下列表。列表是变量的集合，它好比是一个“大罐子”，里面可以存放很多变量。程序运行的时候，既可以把变量存放入“大罐子”里，也可以从“大罐子”里取出所需要的变量。下面一起来应用一下吧！

游 戏 场 景

“抗疫诗歌创作人”来到了“编程魔力王国”的“抗疫赞歌大舞台”，兴致勃勃作诗一首，让我们一起欣赏一下吧！

首先构建出“抗疫赞歌大舞台”场景，如图 11-19 所示；再添加“抗疫诗歌创作人”角色，如图 11-20 和图 11-21 所示。

图11-19 构建“抗疫赞歌大舞台”场景

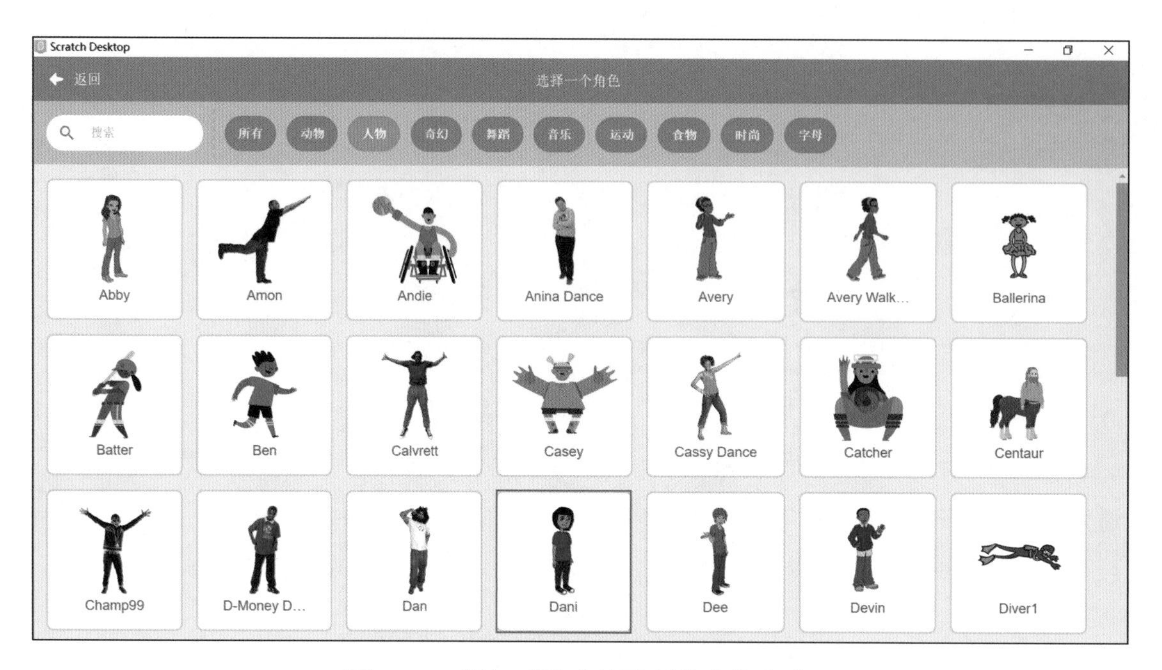

图11-20　添加“抗疫诗歌创作人”角色

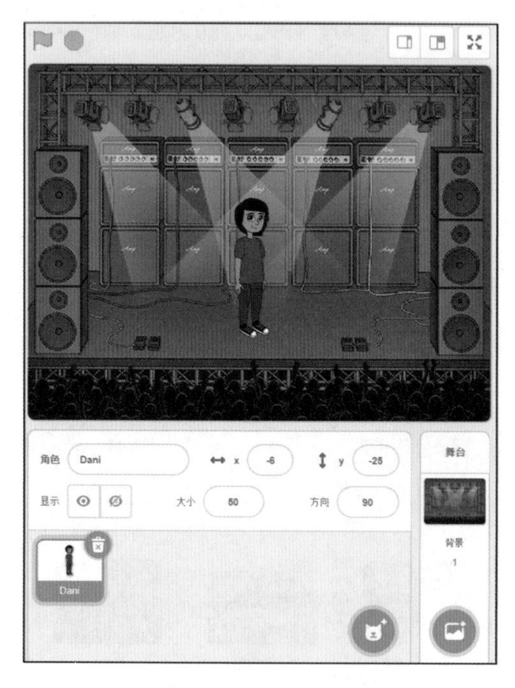

图11-21　角色的舞台效果

9. 创建变量列表

【脚本区】

在指令区“代码”选项卡的“变量”模块中单击 建立一个列表 ，打开如图 11-22 所示的

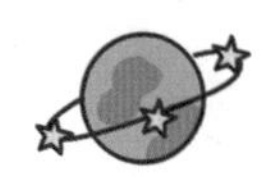

“新建列表”窗口，填写列表名称“抗疫赞歌”，选中◉适用于所有角色，单击确定，在指令区“代码”选项卡的“变量”模块中会显示新建的列表；选中☑抗疫赞歌，则舞台区显示出“抗疫赞歌”控件，且长度为 0，如图 11-23 所示。

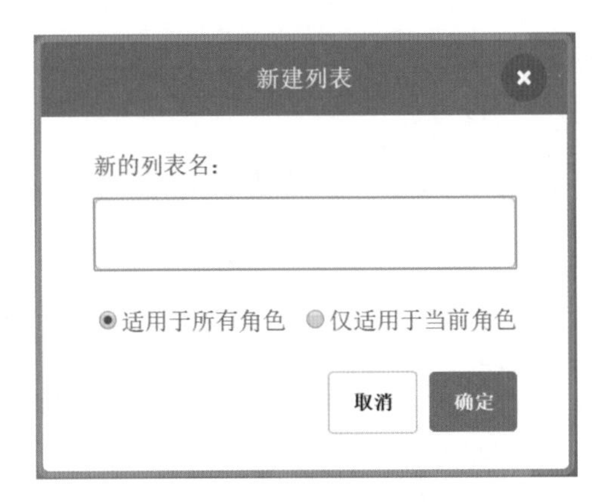

图11-22 “新建列表”窗口

图11-23 变量列表和舞台效果

10. 删除 抗疫赞歌 的全部项目

【脚本区】

从指令区“代码”选项卡的“事件”模块中拖曳当▶被点击至脚本区，从指令区“代码”选项卡的“变量”模块中拖曳询问 What's your name? 并等待至脚本区，以保证每次单击▶时，“抗疫赞歌”

列表为空。

11. 以询问方式进行诗歌创作，创作结束输入“OK！”

【脚本区】

从指令区“代码”选项卡的“侦测”模块中拖曳 询问 What's your name? 并等待 至脚本区，并修改参数为“请创作诗歌，创作结束请输入OK！”。

从指令区“代码”选项卡的“运算”模块中拖曳 ( ) = (50) 至脚本区，并将指令区“代码”选项卡的“侦测”模块中的 回答 和英文“OK”分别作为两个参数，即 回答 = OK；再从指令区“代码”选项卡的“运算”模块中拖曳 < > 不成立 与 回答 = OK 进行整合。

从指令区“代码”选项卡的“控制”模块中拖曳 如果 < > 那么 否则 至脚本区，与上述脚本整合即可实现对输入的内容是否为“OK”进行判断。

如果 回答 = OK 不成立 为真，从指令区“代码”选项卡的“变量”模块中拖曳 将 东西 加入 抗疫赞歌 至脚本区，并将指令区“代码”选项卡的“侦测”模块中的 回答 作为参数，即 将 回答 加入 抗疫赞歌；随后从指令区“代码”选项卡的“控制”模块中拖曳 重复执行 至脚本区与上述模块拼接，则可实现将 回答 存放入“大罐子”——“抗疫赞歌”列表。

至此，是不是非常想知道程序的效果呢，下面单击 🏳 查看下诗歌创作的效果吧！如图11-24所示，伴随一行行诗歌的创作，“抗疫赞歌”列表中数据越来越多了，请小伙伴们把后面的诗歌继续创作完成吧！诗歌样例如下：

岁末年初新冠袭	中华儿女多壮志
疫情堪比军情急	全民抗疫斗志昂
众志成城来抗疫	防疫知识要牢记
奔赴一线不畏惧	带上口罩不聚集
加油加油石家庄	勤洗手呀多通风
燕赵儿女有担当	早晚作息有规律
兄弟姐妹一起扛	做好防护不紧张
且看白袍战沙场	不听谣言心不慌
加油加油国际庄	一座城呀一条心
五湖四海来帮忙	同舟共“冀”必胜利

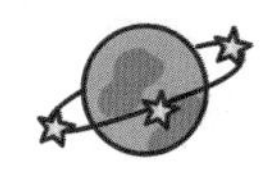

图11-24　诗歌创作效果展示

12. 创作结束输入 OK 后，把每句诗歌再次说出来

【脚本区】

从指令区“代码”选项卡的“外观”模块中拖曳 说 你好！ 2 秒 至脚本区，并从指令区“代码”选项卡的“变量”模块中拖曳 抗疫赞歌 的第 1 项 作为参数，即 说 抗疫赞歌 的第 1 项 2 秒，则会从“抗疫赞歌”列表中读取第一行诗句；以此类推，通过增加 说 抗疫赞歌 的第 2 项 2 秒、说 抗疫赞歌 的第 3 项 2 秒 等可以说出整首诗歌呢。

至此，验证下程序的效果吧，单击🏁，依次录入诗句，最后通过输入 OK 来结束，如图 11-25 所示，随即在图 11-26 所示界面中将诗句依次呈现。

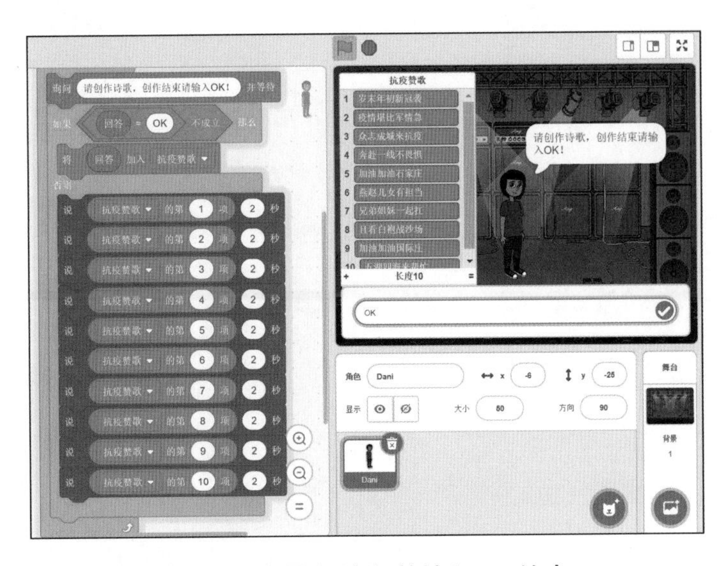

图11-25　录入诗句并输入OK结束

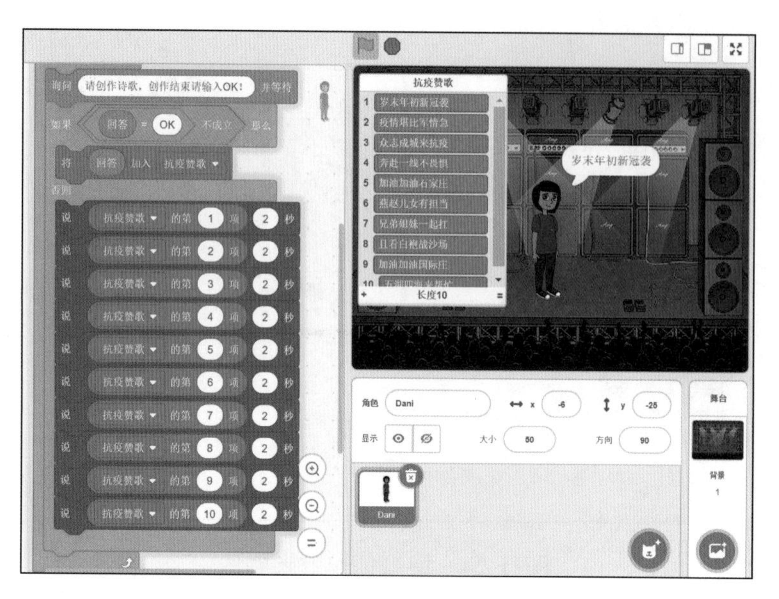

图11-26　依次呈现出诗句

视频学习

第12章 “自制积木”模块

——“编程魔力王国”的简化神器

“自制积木”模块非常神奇，它能够让编程魔力王国的程序脚本更加简化，如图12-1所示，“自制积木”模块中除了 制作新的积木 怎么什么都没有呢？为什么不同于其他模块呢？哈哈，没错，Scratch的各个模块已经为我们提前准备好了许多的积木模块，功能非常丰富。但是小伙伴们是不是也发现，一个复杂的程序经常需要很多很多的模块，拼装成了很长很长很复杂的脚本，而且有时这些脚本代码会有很多重复的步骤，这样是不是很辛苦，很麻烦！所以，“编程魔力王国”的“自制积木”模块出现了。为了编程中不出现太多重复的积木模块，可以自己创造一个“新的积木模块”来代替之前那一串“重复的积木模块”，即将“重复的积木模块”进行“封装”，如图12-2所示。这样一来，在需要它的时候，只需要“调用”封装好的“新积木模块”就好啦！整个程序变得更加简单明了。哦哦！别着急，咱们体验一下就明白了。

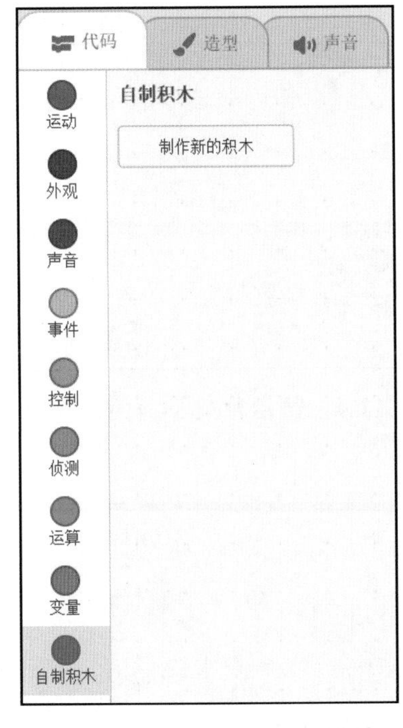

图12-1 “自制积木”模块

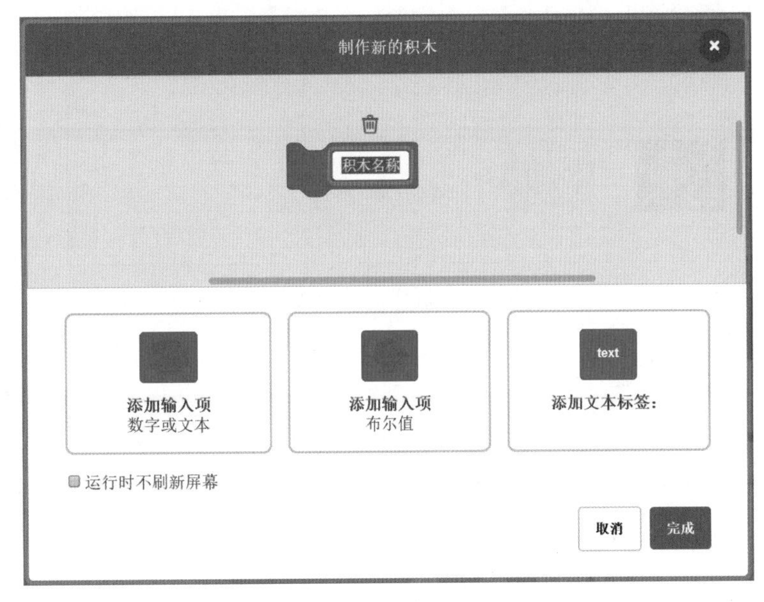

图12-2 “制作新的积木”窗口

游 戏 场 景

有 3 只从未出现过的“病毒怪”被捕获了。这次要研究出它们的行动轨迹，以便日后更好地驱赶它们！

参照图 12-3 添加舞台背景，并从 Scratch 自带的角色中添加 3 只“病毒怪”，可依据需要设置为适中的大小。

1. 用 制作新的积木 定义一个名为“正方形轨迹”的新积木块

【角色区】

选中“病毒怪方方”角色，如图 12-4 所示。

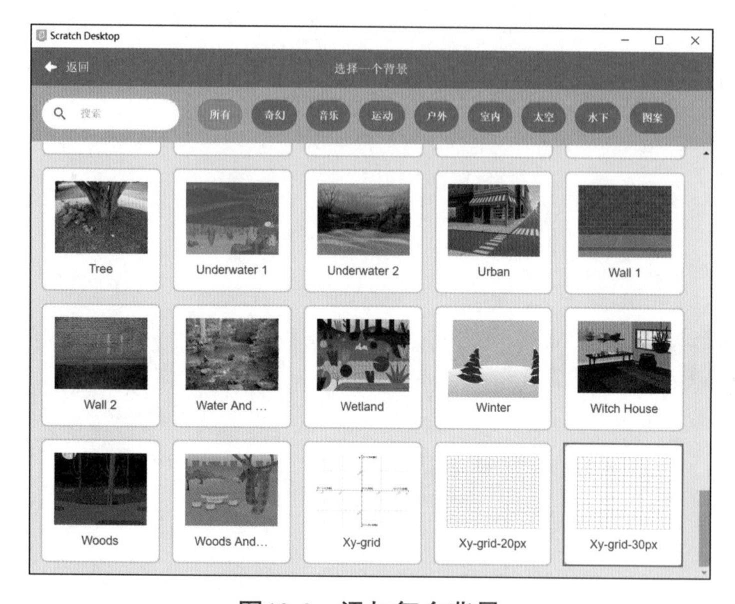

图12-3 添加舞台背景

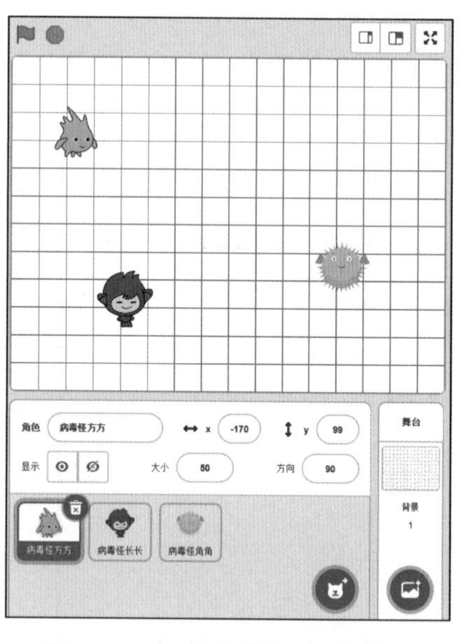

图12-4 舞台背景及角色效果

【脚本区】

在指令区“代码”选项卡的“自制积木”模块中单击 制作新的积木 ，打开如图 12-2 所示的“制作新的积木”窗口，在其中可以给积木起名字，并通过 添加输入项 数字或文本、添加输入项 布尔值、添加文本标签 添加参数，这里支持填入数字或文本、布尔值和文本标签等。当前填写积木名称为“正方形轨迹”，单击 添加输入项 数字或文本 并填写内容为“边长”，即 正方形轨迹 边长 ，再单击 完成 ，则一个积木模块创建成功，如图 12-5 所示。

图12-5 正方形轨迹积木

这里要提醒小伙伴们，虽然新的积木已经出现了，但此时的新积木还不具备任何功能哦。以上的步骤，在编程领域中通常称为“声明一个函数”“定义一个函数”或“定义一个过程”，含义为现在只是声明要制作一个“正方形轨迹”名字的新积木，但还不能真的使用。

2. 实现“正方形轨迹”功能，让积木块真正能用

【角色区】

选中“病毒怪方方”角色，如图 12-4 所示。

【脚本区】

从指令区“代码”选项卡的“运动”模块中拖曳[移动 10 步]至脚本区；单击[定义 正方形轨迹 边长]中的[边长]，并将其拖曳至[移动 10 步]中作为参数值，即构成[移动 边长 步]，则可完成一条“边长”；从指令区“代码”选项卡的“运动”模块中拖曳[右转 15 度]至脚本区，并设置参数值为 90，即[右转 90 度]，则可完成旋转“90 度”；从指令区“代码”选项卡的“控制”模块中拖曳[重复执行 10 次]至脚本区与上述程序整合，并设置参数值为 4，则可完成正方形轨迹；当然，还能从指令区“代码”选项卡的“控制”模块中拖曳[等待 1 秒]至脚本区，则可放慢正方形轨迹速度。最终程序如图 12-6 所示。

图12-6 “正方形轨迹”积木功能

3. 绘制正方形轨迹，让积木块的功能真正实现

【角色区】

选中“病毒怪方方”角色，如图 12-4 所示。

【脚本区】

在指令区下方单击[添加扩展]，在打开的窗口中选中“画笔”扩展模块，如图 12-7 所示；添加成功后，指令区的“代码”选项卡中会出现该扩展模块，如图 12-8 所示。其中显示出很多画笔代码块；在指令区“代码”选项卡的“画笔”扩展模块中拖曳[全部擦除]至脚本区，

图12-7　添加画笔模块

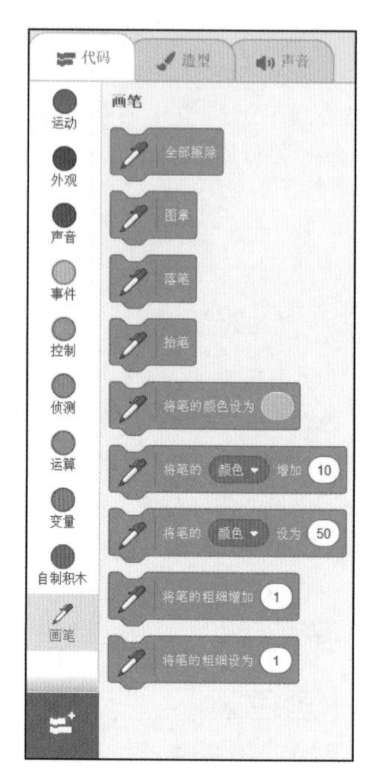

图12-8　画笔模块

可实现全部清除笔迹功能；随后拖曳将笔的颜色设为至脚本区，为了显示更清晰，修改为；再拖曳落笔至脚本区，可实现落笔绘制功能；从指令区“代码”选项卡的“自制积木”模块中拖曳正方形轨迹至脚本区，并设置参数为100，即正方形轨迹 100；在指令区“代码”选项卡的“画笔”扩展模块中拖曳抬笔至脚本区，可实现抬笔停止绘制功能；最后从指令区“代码”选项卡的“事件”模块中拖曳当被点击至脚本区，如图12-9所示，实现当单击时执行上述绘制正方形轨迹的所有程序块。

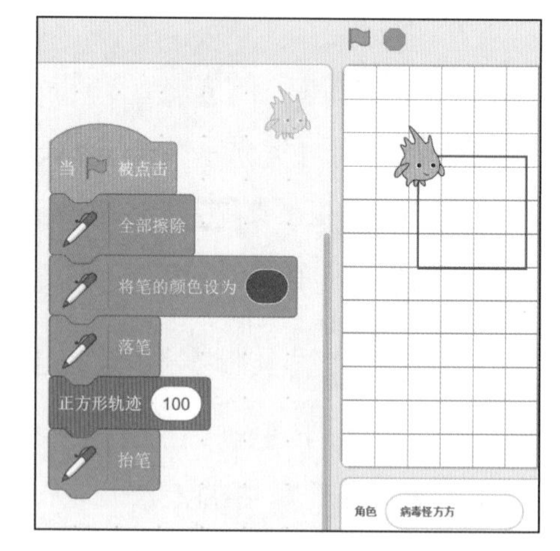

图12-9　绘制正方形轨迹效果

4. 用制作新的积木定义一个名为“长方形轨迹”的新积木块

【角色区】

选中“病毒怪长长”角色，如图12-4所示。

【脚本区】

从指令区“代码”选项卡的“自制积木”模块中单击制作新的积木，打开如图12-2所示的“制作新的积木”窗口，填写积木名称为“长方形轨迹”，单击两次添加输入项数字或文本并分别填写内容为“长”“宽”，即长方形轨迹 长 宽，再单击完成，则“长方形轨迹”积木块创建成功，如

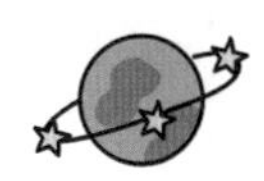

图 12-10 所示。

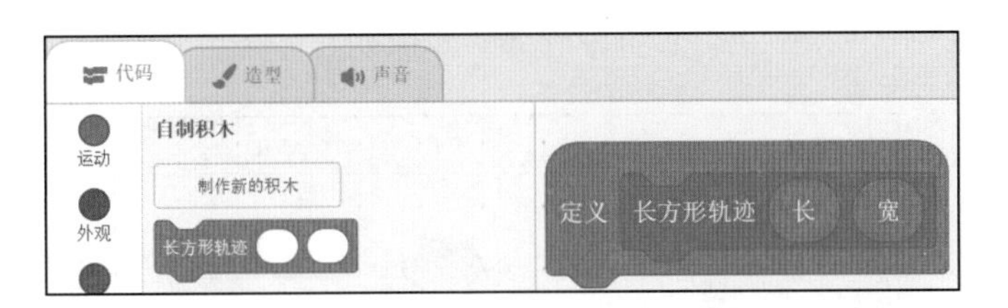

图12-10　“长方形轨迹”积木

5. 实现“长方形轨迹”功能，让积木块真正能用

【角色区】

选中“病毒怪长长”角色，如图 12-4 所示。

【脚本区】

从指令区“代码”选项卡的“运动”模块中两次拖曳至脚本区；从中单击和，并分别拖曳至中作为参数值，即构成和，则可完成一条“长”和一条“宽”；从指令区“代码”选项卡的“运动”模块中两次拖曳至脚本区，并设置参数值为 90，即，则可完成旋转“90 度”操作，此时需要尤其注意长、宽、角度旋转的积木块位置摆放；从指令区“代码”选项卡的“控制”模块中拖曳至脚本区，并与上述程序整合，并设置参数值为 2，则可完成长方形轨迹；当然，还能从指令区“代码”选项卡的“控制”模块中拖曳至脚本区，则可放慢长方形轨迹速度。最终程序如图 12-11 所示。

图12-11　“长方形轨迹”积木功能

6. 绘制长方形轨迹，让积木块的功能真正实现

【角色区】

选中“病毒怪长长”角色，如图 12-4 所示。

【脚本区】

在指令区“代码”选项卡的“画笔”扩展模块中拖曳至脚本区，具体设置同“正方形轨迹”积木块，小伙伴们一定都能完成吧！当然别忘记这里有一个小变化，从指令区“代码”选项卡的“自制积木”模块中拖曳至脚本区，并设置参数为200、50，即 长方形轨迹 200 50；最后从指令区“代码”选项卡的“事件”模块中拖曳 当 被点击 至脚本区，如图12-12所示，实现当单击 时执行上述绘制长方形轨迹的所有程序块。

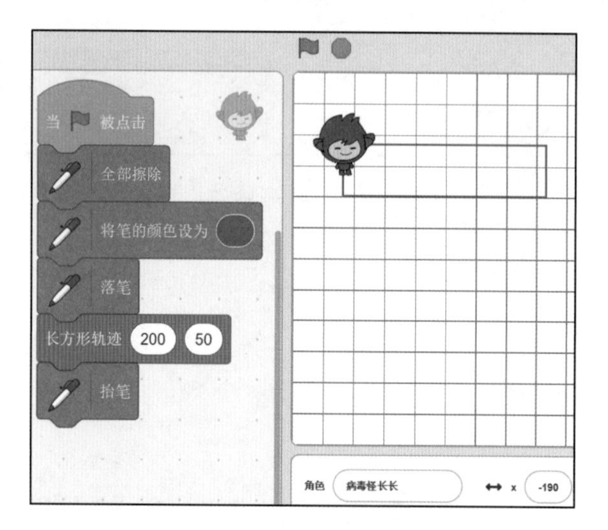

图12-12　绘制长方形轨迹效果

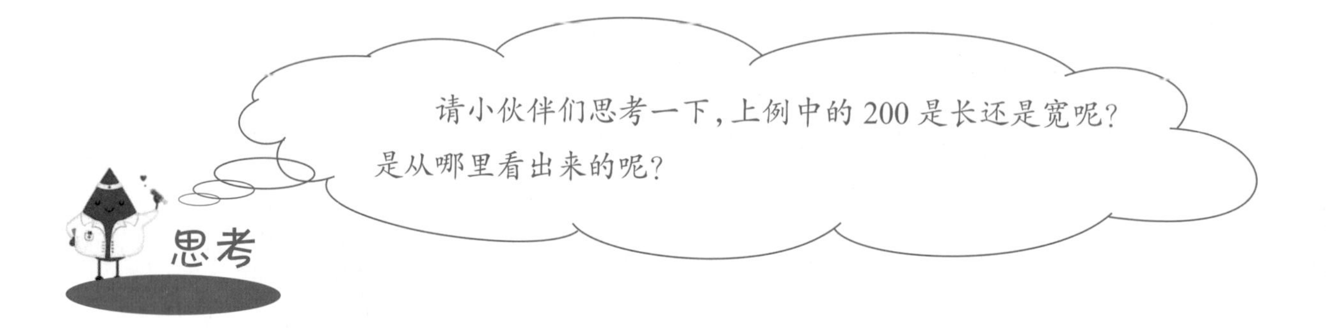

7. 用 制作新的积木 定义一个名为“三角形轨迹”的新积木块

【角色区】

选中“病毒怪角角”角色，如图12-4所示。

【脚本区】

在指令区“代码”选项卡的“自制积木”模块中单击 制作新的积木 ，打开图12-2所示的“制作新的积木”窗口，填写积木名称为“三角形轨迹”，单击 添加输入项 数字或文本 并填写内容为“边长”，即 三角形轨迹 边长 ，再单击 完成 ，则“三角形轨迹”积木模块创建成功，如图12-13所示。

8. 实现“三角形轨迹”功能，让积木块真正能用

【角色区】

选中“病毒怪角角”角色，如图12-4所示。

【脚本区】

从指令区“代码”选项卡的“运动”模块中拖曳 移动 10 步 至脚本区；从 定义 三角形轨迹 边长 中单击 边长，并拖曳至 边长 中作为参数值，即构成 移动 边长 步，则可完成一条“边长”；从指令区“代码”选项卡的“运动”模块中拖曳 右转 15 度 至脚本区，并设置参数值为 120，即 右转 120 度，则可完成旋转“120 度”操作；从指令区“代码”选项卡的“控制”模块中拖曳 重复执行 10 次 至脚本区，并与上述程序整合，并设置参数值为 3，则可完成三角形轨迹；当然，还能从指令区“代码”选项卡的“控制”模块中拖曳 等待 1 秒 至脚本区，则可放慢三角形轨迹速度，最终程序如图 12-14 所示。

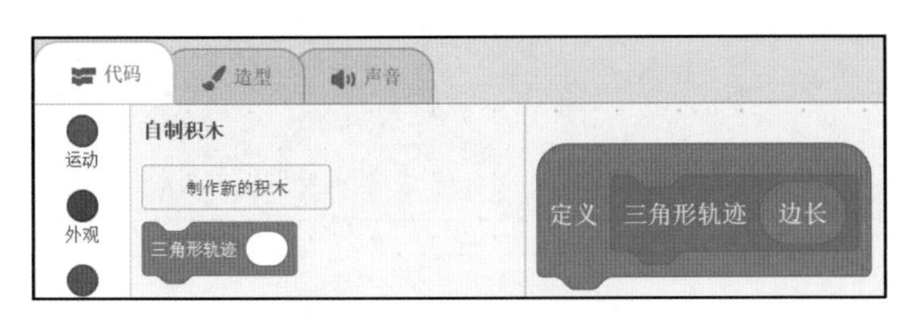

图12-13 三角形轨迹积木

图12-14 “三角形轨迹”积木功能

9. 绘制三角形轨迹，让积木块的功能真正实现

【角色区】

选中“病毒怪长长”角色，如图 12-4 所示。

【脚本区】

在指令区“代码”选项卡的“画笔”扩展模块中拖曳 全部擦除 将笔的颜色设为 落笔 抬笔 至脚本区，具体设置同“正方形轨迹”积木块，小伙伴们更加熟练了吧！这里也要注意一个小变化，从指令区“代码”选项卡的“自制积木”模块中拖曳 三角形轨迹 至脚本区，并设置参数为 100，即 三角形轨迹 100；最后从指令区“代码”选项卡的“事件”模块中拖曳 当 被点击 至脚本区，如图 12-15 所示，实现当单击 时执行上述绘制三角形轨迹的所有程序块。

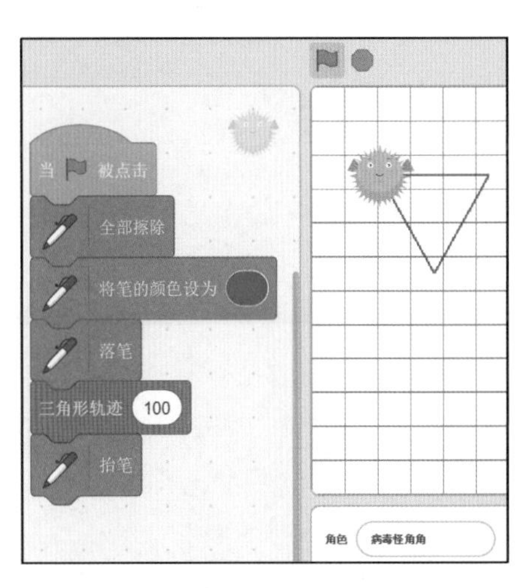

图12-15 绘制三角形轨迹效果

角度与图形

角度是一个数学概念，用以描述角的大小，即两条相交直线中的任何一条与另一条相叠合时必须转动的量。角度的单位为度，用符号“°”表示。1周角分为360等份，每份就定义为1度（1°）。例如，长方形的4个角均为直角（即90度）。正方形是4条边的长度都相等的特殊长方形，因此它的4个角也均为直角。三角形有很多类型，可按边分为普通三角形（3条边都不相等），等腰三角形（至少有两条边相等，相等的两条边称为这个三角形的腰，另一条边称为底边）、等边三角形（腰与底相等的等腰三角形称为等边三角形）；三角形可按角分为直角三角形、锐角三角形、钝角三角形，其中锐角三角形和钝角三角形统称斜三角形。上例中绘制的三角形为等边三角形，它的3个角均为60度。因为一个平角为180度，为了构成三角形的60度内角，所以需要旋转120度，小伙伴理解了吗？

至此，上面的例子就是“自制积木”模块应用的一个最常见场景，小伙伴学会了吗？总而言之，在实际编程的过程中，往往会把一些很复杂的程序按最小功能划分为一个个的独立功能，就像“正方形轨迹”“长方形轨迹”“三角形轨迹”一样，切成小块，独立封装，分而治之，这样就可以把一些脚本模块化，使得脚本看起来更清晰。

视频学习

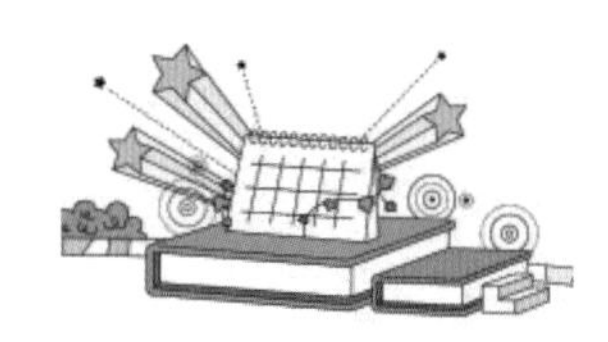

第13章 扩 展 模 块

——“编程魔力王国”的创造力

“编程魔力王国”中的小勇士们不仅勇敢机智，还多才多艺，能够创作出动听悦耳的歌曲呢！

参照图 13-1 添加舞台背景，并从本地电脑中添加“美丽天使”角色，如图 13-2 所示。

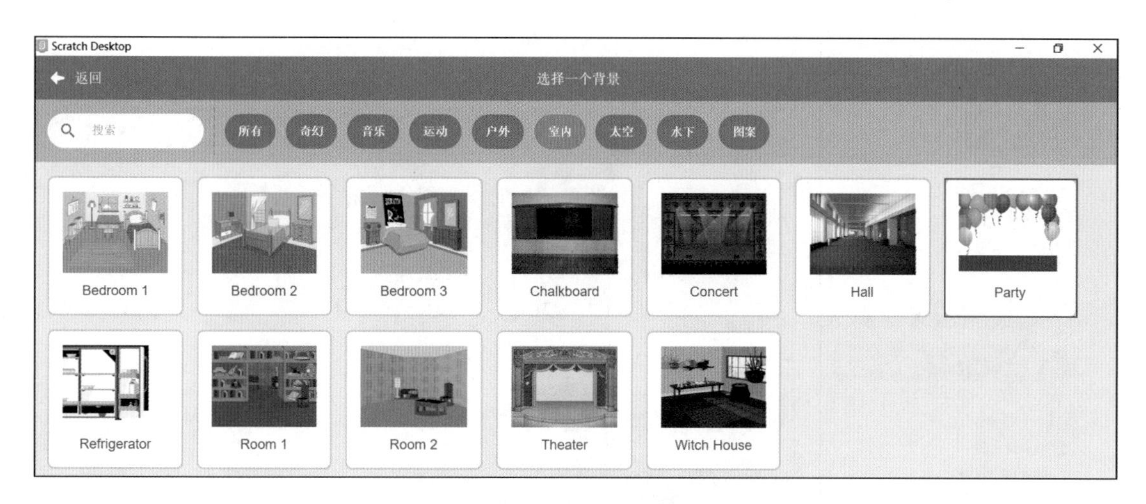

图13-1 添加舞台背景

图13-2 舞台背景效果

【指令区】

如图 13-3 所示，在指令区下方单击添加扩展模块，在打开的窗口中选择“音乐”扩展模块，如图 13-4 所示。添加成功后，指令区的“代码”选项卡如图 13-5 所示，其中增加了很多音乐代码块；单击中的，可以选择如图 13-6 所示的各种乐器。修改中的值，可以灵活地设置节拍。此外，也同样具有强大的功能，如图 13-7 所示。

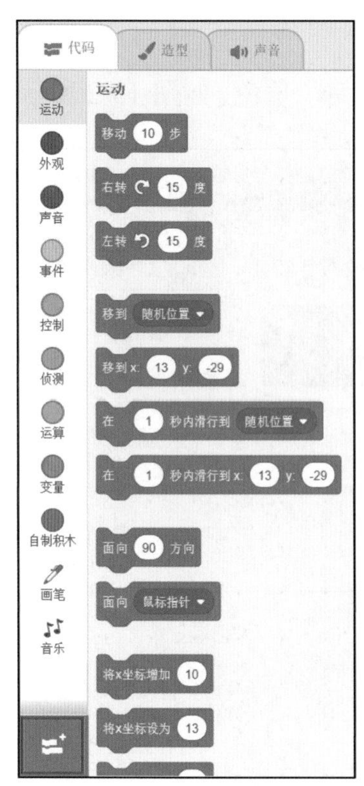

图13-3　添加扩展

图13-4　添加“音乐”扩展模块

【脚本区】

从指令区“代码”选项卡的“音乐”扩展模块中拖曳至脚本区，用模拟乐器“钢琴”进行乐曲创作；再拖曳至脚本区，并单击如图 13-8 所示的进行音符设置，再通过单击修改节拍为“0.5”即可，当然依据个人喜好，把“0.5”拍修改为“1”拍歌曲也是很动听呢。学会了上述方法，依据图 13-9 所示的曲谱就可以进行歌曲创作啦！

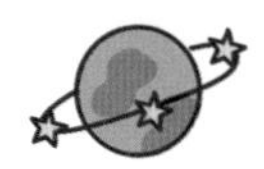

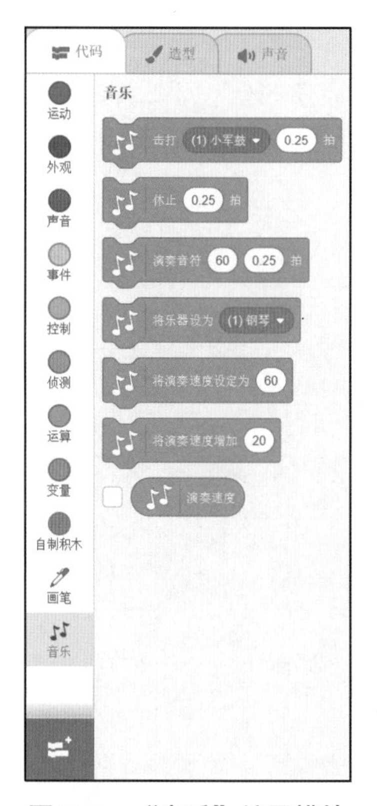

图13-5　“音乐”扩展模块

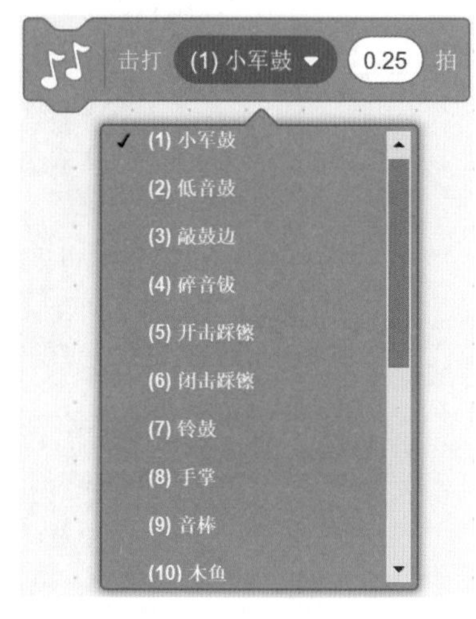

图13-6　各种乐器1

图13-7　各种乐器2

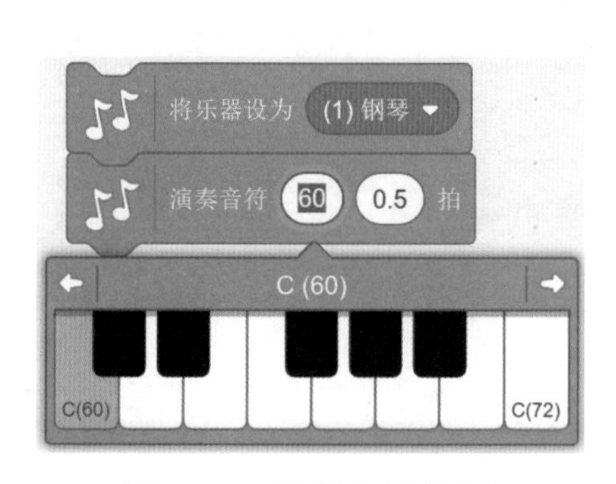

图13-8　进行音符设置

图13-9　曲谱

下面进行乐曲创作。图 13-10 所示为乐曲的第一句，当进行第二句创作时，两句之间可以增加一个休止符。从指令区“代码”选项卡的“音乐”扩展模块中拖曳至脚本区，同样可以修改“0.25”拍为“0.5”拍。随后继续进行乐曲创作，并从指令区“代码”

选项卡的“事件”模块中拖曳当🏴被点击至脚本区，可进行乐曲程序段的统一控制。通过努力，可以创作出如图13-11所示的乐曲，当然值得大家注意的是，需要将①②③三大部分拼接在一起，一首动听的音乐才能最终完成。大家是不是已经迫不及待地要听一听呢！请单击舞台区中的🏴尽情享受吧！

图13-10　乐曲第一句

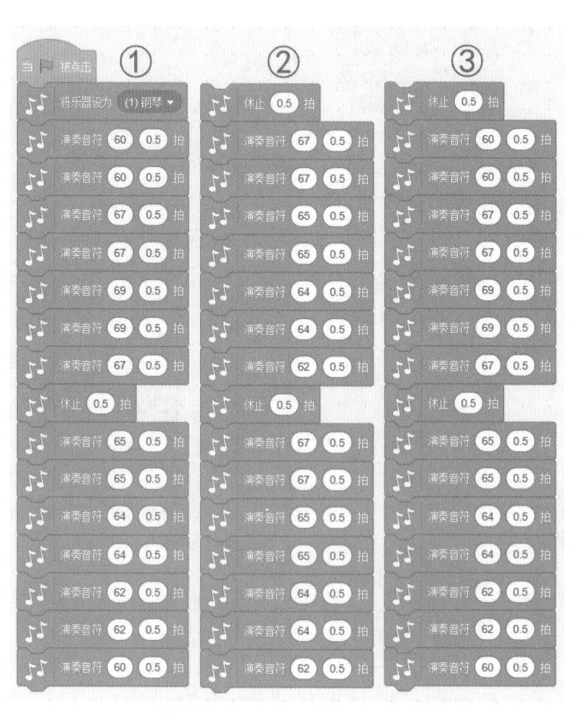

图13-11　整首乐曲

休　止　符

在音乐学中，休止符用于音乐的乐谱上，是标记音乐暂时停顿或静止，以及停顿时间长短的记号。

视频学习

第二部分

编 程 创 意

第14章　药水喷洒“病毒怪”

1. 场景初体验

“病毒怪”这次成群结伙来“编程魔力王国”捣乱了，看来它们真是低估了我们的实力，看吧！在我们的“编程魔力王国”将上演大战“病毒怪”的好戏了！如图 14-1 和图 14-2 所示，快来体验一下吧！

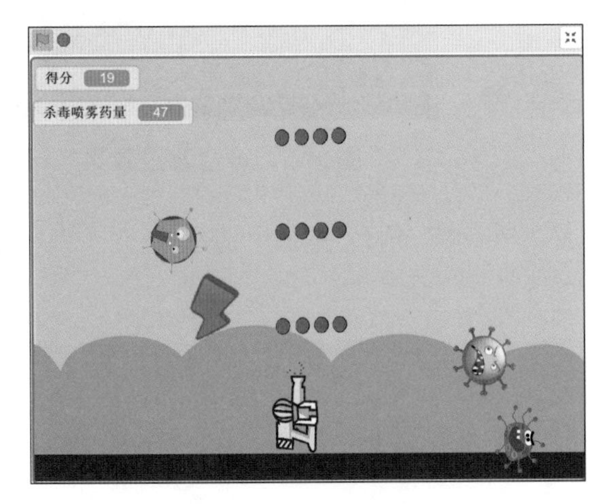

图14-1　游戏效果1

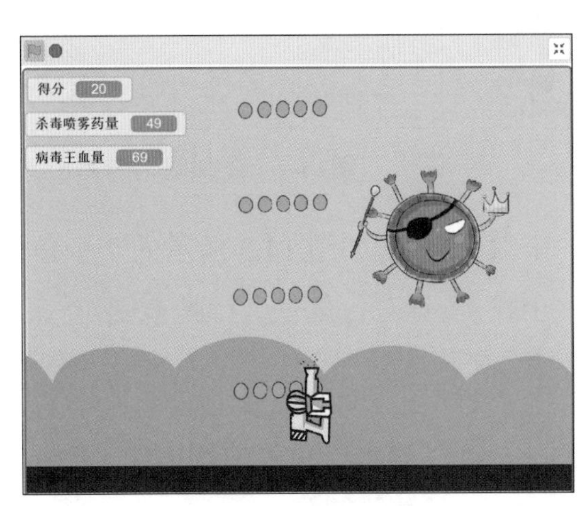

图14-2　游戏效果2

2. 角色面对面

本游戏的角色如图 14-3 所示。

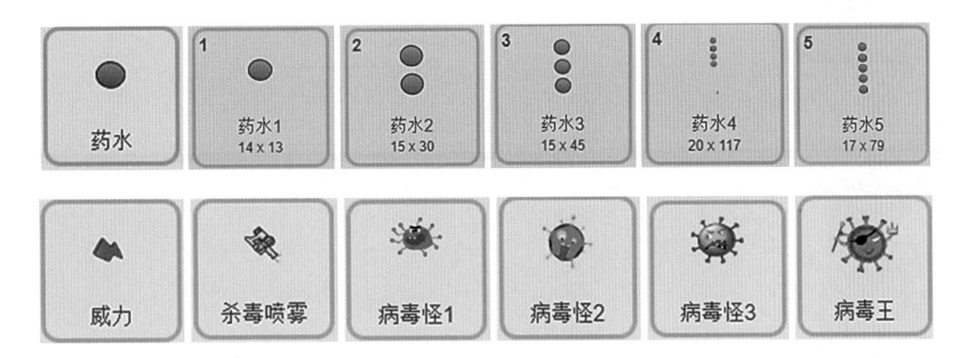

图14-3　游戏的角色

3. 创作动起来

步骤1：创建项目，如图14-4所示。

步骤2：添加舞台背景，如图14-5所示。

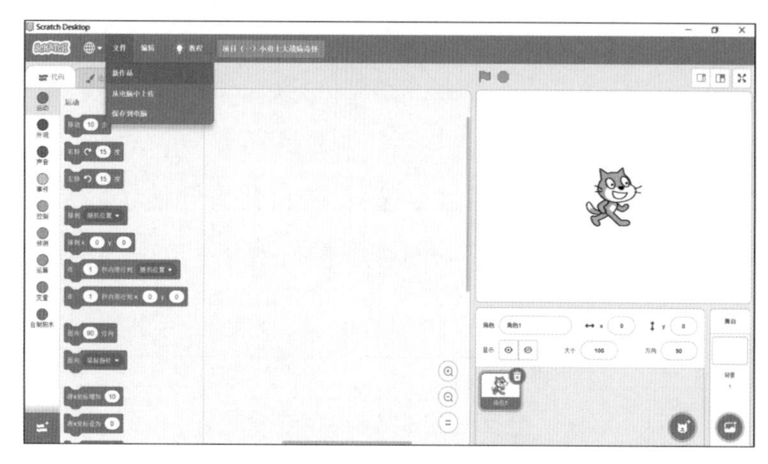

图14-4 添加舞台背景

图14-5 舞台背景效果

步骤3：添加如图14-3所示的7个角色，其中“药水”角色有5个造型。

步骤4：针对各角色进行脚本创作。

4. 脚本注解

（1）“药水”角色的脚本如表14-1所示。

表14-1 “药水”角色的脚本

脚　本	脚本注解
当 被点击 换成 药水1 造型 隐藏 重复执行 等待 0.2 秒 克隆 自己	当单击时，“药水”角色切换成“药水1”造型并进行隐藏，重复执行“每等待0.2秒克隆出自己”

续表

脚　　本	脚 本 注 解
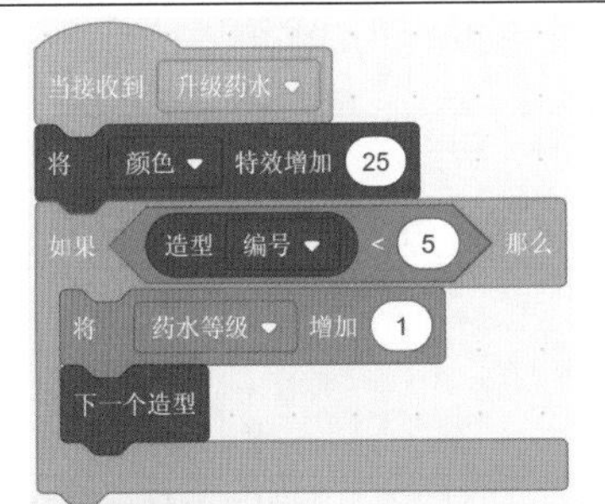	当接收到“威力”角色发出的“升级药水”广播时，“药水”角色的“颜色”特效增加 25。同时当造型编号小于 5 时（“药水”角色共有“药水 1”“药水 2”“药水 3”“药水 4”“药水 5”5 种造型），将“药水等级”增加 1 并切换为下一个造型
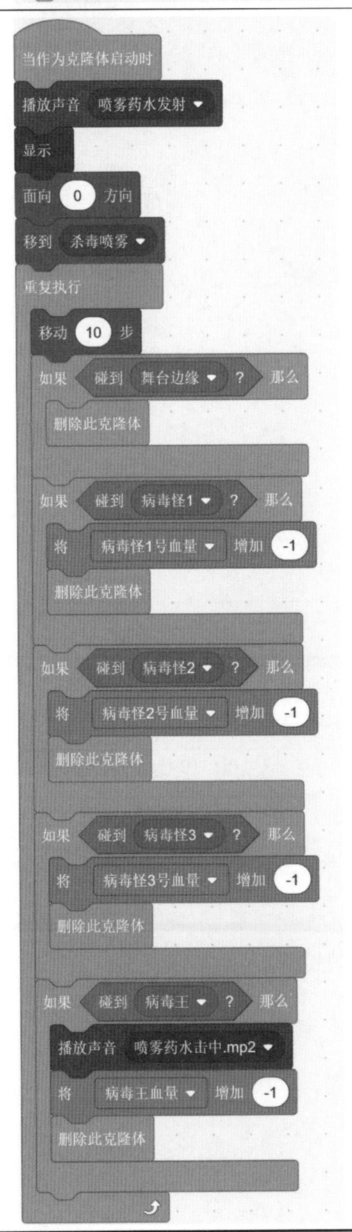	当作为“药水”角色的克隆体启动时，播放“喷雾药水发射”声音，同时面向 0 度方向显示出克隆体，并移动至“杀毒喷雾”角色位置，即为了模拟从“杀毒喷雾”处喷出的效果。 重复执行如下操作： （1）移动 10 步。 （2）如果碰到“舞台边缘”，则删除克隆体，即“药水”的克隆体消失。 （3）如果碰到“病毒怪 1”，则“病毒怪 1 血量”减 1，同时删除克隆体，即“药水”的克隆体消失。 （4）如果碰到“病毒怪 2”，则“病毒怪 2 血量”减 1，同时删除克隆体，即“药水”的克隆体消失。 （5）如果碰到“病毒怪 3”，则“病毒怪 3 血量”减 1，同时删除克隆体，即“药水”的克隆体消失。 （6）如果碰到“病毒王”，则播放“喷雾药水击中”声音，且“病毒王血量”减 1，同时删除克隆体，即“药水”的克隆体消失

（2）“威力”角色的脚本如表 14-2 所示。

表14-2 “威力”角色的脚本

脚 本	脚本注解
当 🏴 被点击 隐藏	当单击🏴时，“威力”角色隐藏，即“威力”角色不显示于舞台区
当接收到 呼叫威力 显示 移到 病毒怪3 面向 180 方向 重复执行 移动 2 步 如果 碰到 杀毒喷雾 ? 那么 播放声音 啵 广播 升级药水 隐藏 如果 碰到 舞台边缘 ? 那么 隐藏	当接收到“病毒怪 3”角色发出的“呼叫威力”广播时，“威力”角色面向 180 度方向移动至“病毒怪 3”位置，显示于舞台区。重复执行如下操作： （1）移动 2 步。 （2）如果碰到“杀毒喷雾”，则播放声音“啵”，同时发出广播“升级药水”并隐藏“威力”角色。 （3）如果碰到“舞台边缘”，则隐藏“威力”角色

（3）“杀毒喷雾”角色的脚本如表 14-3 所示。

表14-3 “杀毒喷雾”角色的脚本

脚 本	脚本注解
当 🏴 被点击 将 得分 设为 0 将 杀毒喷雾药量 设为 50 换成 杀毒喷雾 造型 显示 移到最 前面 重复执行 移到 鼠标指针	当单击🏴时，将“得分”设为 0，将“杀毒喷雾药量”设为 50，切换为“杀毒喷雾”造型，并移到最前面显示于舞台区。随后重复执行“移到鼠标指针”操作

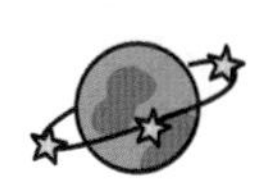

续表

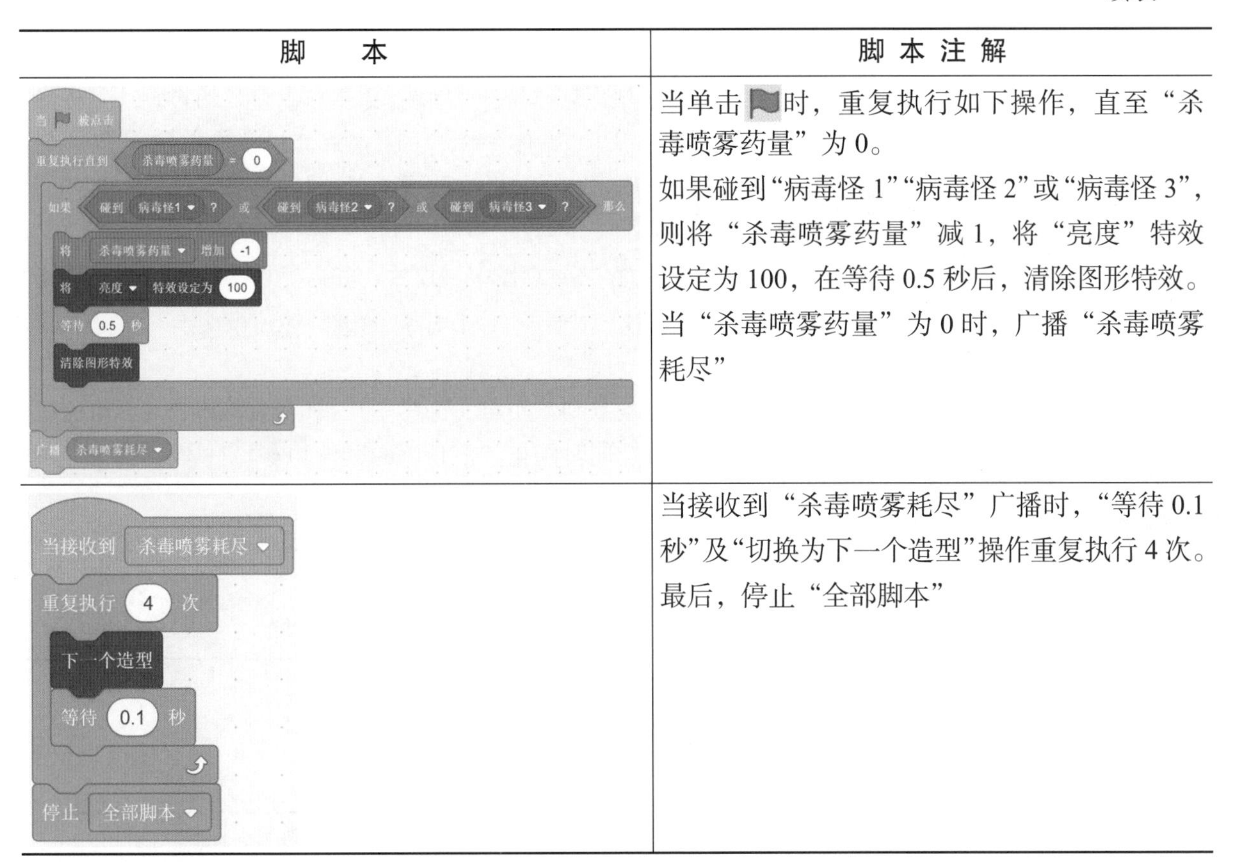

脚　　本	脚 本 注 解
当 ⚑ 被点击 重复执行直到 〈杀毒喷雾药量 = 0〉 如果 〈碰到 病毒怪1 ? 或 碰到 病毒怪2 ? 或 碰到 病毒怪3 ?〉 那么 将 杀毒喷雾药量 增加 -1 将 亮度 特效设定为 100 等待 0.5 秒 清除图形特效 广播 杀毒喷雾耗尽	当单击⚑时，重复执行如下操作，直至“杀毒喷雾药量”为 0。 如果碰到“病毒怪 1”“病毒怪 2”或“病毒怪 3”，则将“杀毒喷雾药量”减 1，将“亮度”特效设定为 100，在等待 0.5 秒后，清除图形特效。 当“杀毒喷雾药量”为 0 时，广播“杀毒喷雾耗尽”
当接收到 杀毒喷雾耗尽 重复执行 4 次 下一个造型 等待 0.1 秒 停止 全部脚本	当接收到“杀毒喷雾耗尽”广播时，“等待 0.1 秒”及“切换为下一个造型”操作重复执行 4 次。最后，停止“全部脚本”

（4）“病毒怪 1”角色的脚本如表 14-4 所示。

表14-4　“病毒怪1”角色的脚本

脚　　本	脚 本 注 解
当 ⚑ 被点击 将 病毒怪1号血量 设为 1 显示 面向 180 方向 重复执行 移动 5 步 如果 〈碰到 舞台边缘 ?〉 那么 移到 x: 在 -180 和 180 之间取随机数 y: 144 如果 〈病毒怪1号血量 = 0〉 那么 病毒怪1败退	当单击⚑时，将“病毒怪 1 号血量”设为 1，同时“病毒怪 1”角色面向 180 度方向显示于舞台区。 重复执行如下操作： （1）移动 5 步。 （2）如果碰到“舞台边缘”，则新的“病毒怪 1”从高空中（y 坐标 144，x 坐标为 −180~180 的随机数）显示出来。 （3）如果“病毒怪 1 号血量”为 0，则调用自制的“病毒怪 1 败退”积木

续表

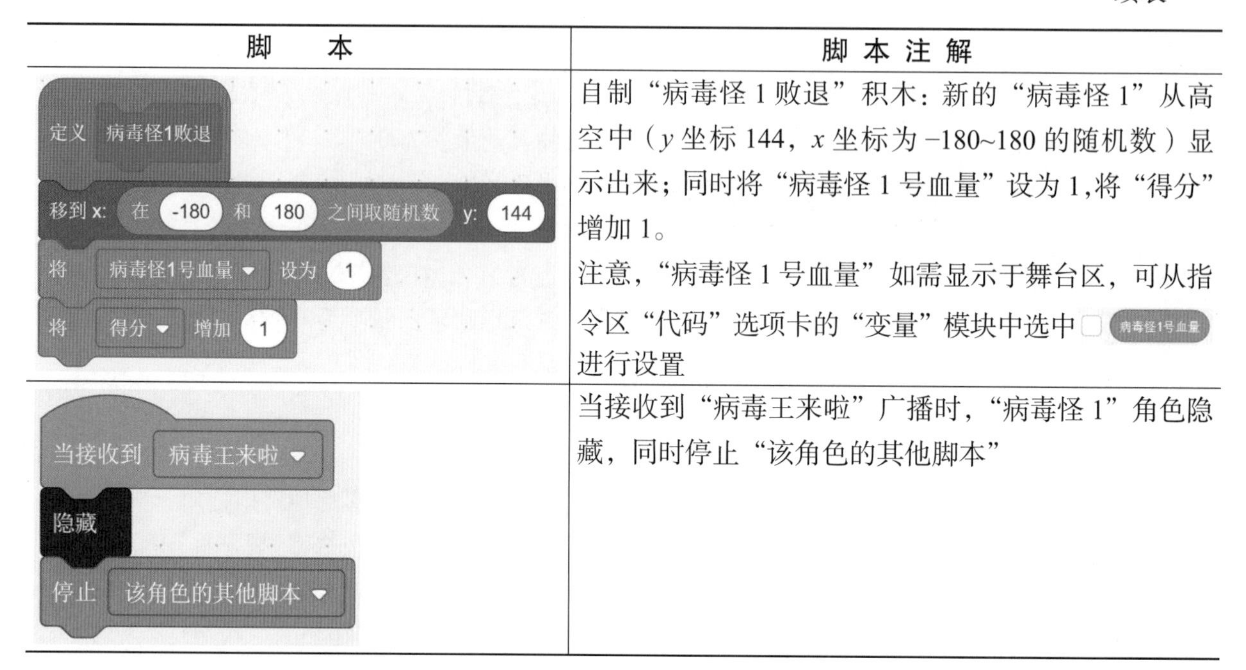

脚　　本	脚 本 注 解
定义 病毒怪1败退 移到 x: 在 -180 和 180 之间取随机数 y: 144 将 病毒怪1号血量 设为 1 将 得分 增加 1	自制“病毒怪 1 败退”积木：新的“病毒怪 1”从高空中（y 坐标 144，x 坐标为 −180~180 的随机数）显示出来；同时将“病毒怪 1 号血量”设为 1，将“得分”增加 1。 注意，“病毒怪 1 号血量”如需显示于舞台区，可从指令区“代码”选项卡的“变量”模块中选中 病毒怪1号血量 进行设置
当接收到 病毒王来啦 隐藏 停止 该角色的其他脚本	当接收到“病毒王来啦”广播时，“病毒怪 1”角色隐藏，同时停止“该角色的其他脚本”

（5）“病毒怪 2”角色的脚本如表 14-5 所示。

表14-5　“病毒怪2”角色的脚本

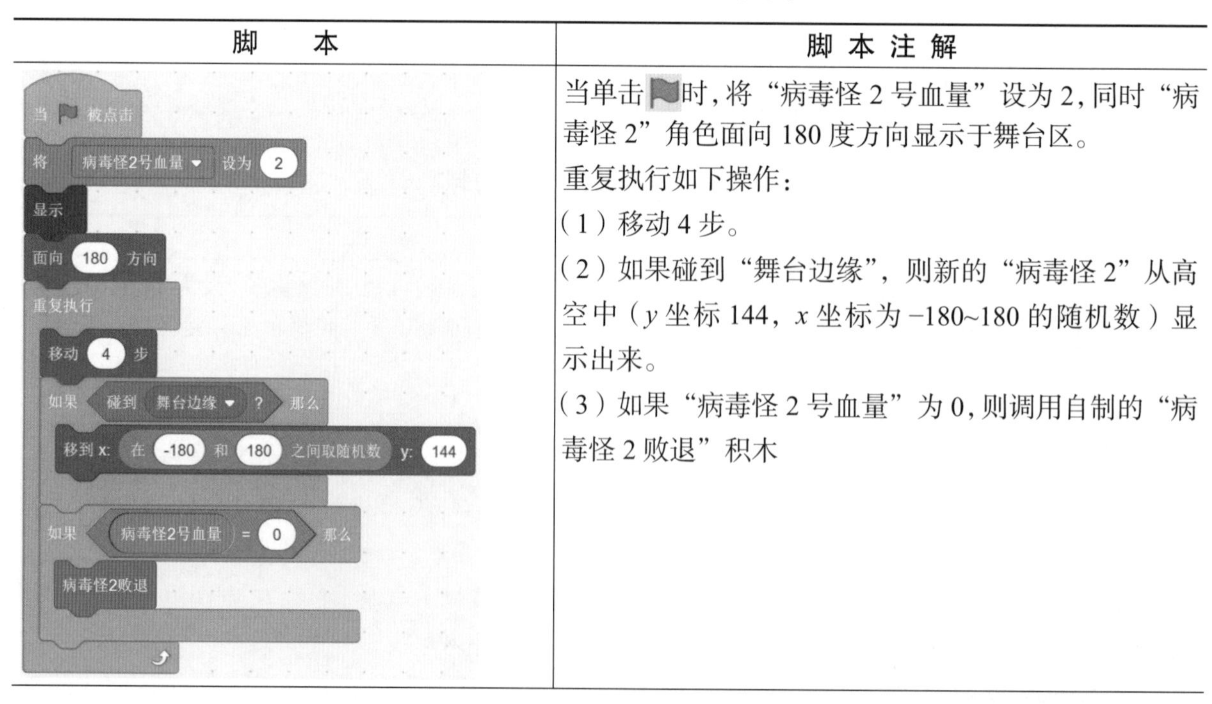

脚　　本	脚 本 注 解
当 被点击 将 病毒怪2号血量 设为 2 显示 面向 180 方向 重复执行 移动 4 步 如果 碰到 舞台边缘 ? 那么 移到 x: 在 -180 和 180 之间取随机数 y: 144 如果 病毒怪2号血量 = 0 那么 病毒怪2败退	当单击 时，将“病毒怪 2 号血量”设为 2，同时“病毒怪 2”角色面向 180 度方向显示于舞台区。 重复执行如下操作： （1）移动 4 步。 （2）如果碰到“舞台边缘”，则新的“病毒怪 2”从高空中（y 坐标 144，x 坐标为 −180~180 的随机数）显示出来。 （3）如果“病毒怪 2 号血量”为 0，则调用自制的“病毒怪 2 败退”积木

续表

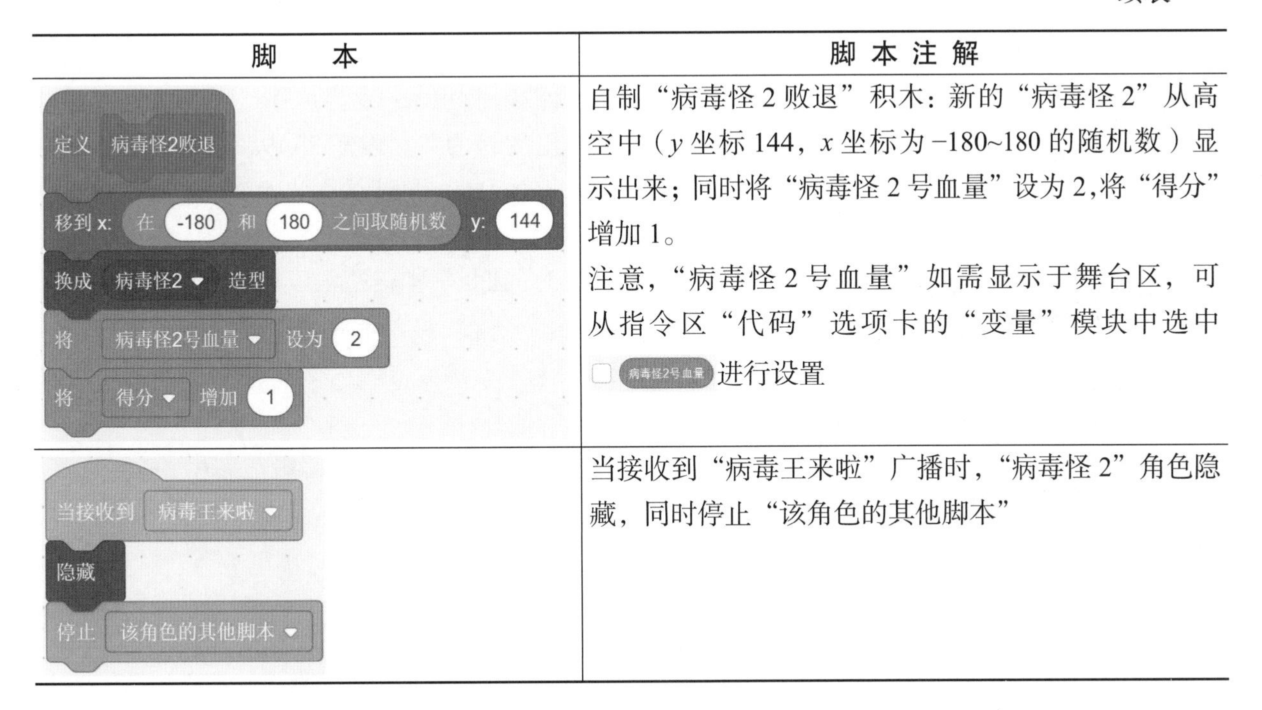

脚　　本	脚 本 注 解
定义 病毒怪2败退 移到 x: 在 -180 和 180 之间取随机数 y: 144 换成 病毒怪2 造型 将 病毒怪2号血量 设为 2 将 得分 增加 1	自制“病毒怪 2 败退”积木：新的“病毒怪 2”从高空中（y 坐标 144，x 坐标为 −180~180 的随机数）显示出来；同时将“病毒怪 2 号血量”设为 2,将“得分”增加 1。 注意，“病毒怪 2 号血量”如需显示于舞台区，可从指令区“代码”选项卡的“变量”模块中选中 病毒怪2号血量 进行设置
当接收到 病毒王来啦 隐藏 停止 该角色的其他脚本	当接收到“病毒王来啦”广播时，“病毒怪 2”角色隐藏，同时停止“该角色的其他脚本”

（6）“病毒怪 3”角色的脚本如表 14-6 所示。

表14-6　“病毒怪3”角色的脚本

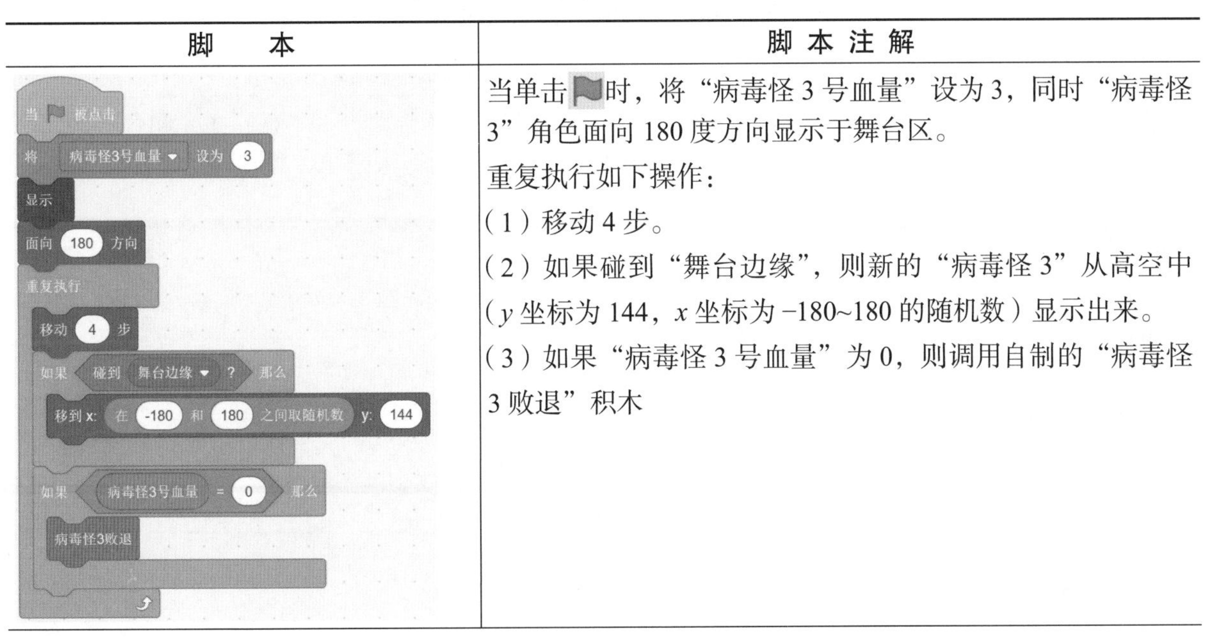

脚　　本	脚 本 注 解
当 被点击 将 病毒怪3号血量 设为 3 显示 面向 180 方向 重复执行 移动 4 步 如果 碰到 舞台边缘 ? 那么 移到 x: 在 -180 和 180 之间取随机数 y: 144 如果 病毒怪3号血量 = 0 那么 病毒怪3败退	当单击时，将“病毒怪 3 号血量”设为 3，同时“病毒怪 3”角色面向 180 度方向显示于舞台区。 重复执行如下操作： （1）移动 4 步。 （2）如果碰到“舞台边缘”，则新的“病毒怪 3”从高空中（y 坐标为 144，x 坐标为 −180~180 的随机数）显示出来。 （3）如果“病毒怪 3 号血量”为 0，则调用自制的“病毒怪 3 败退”积木

续表

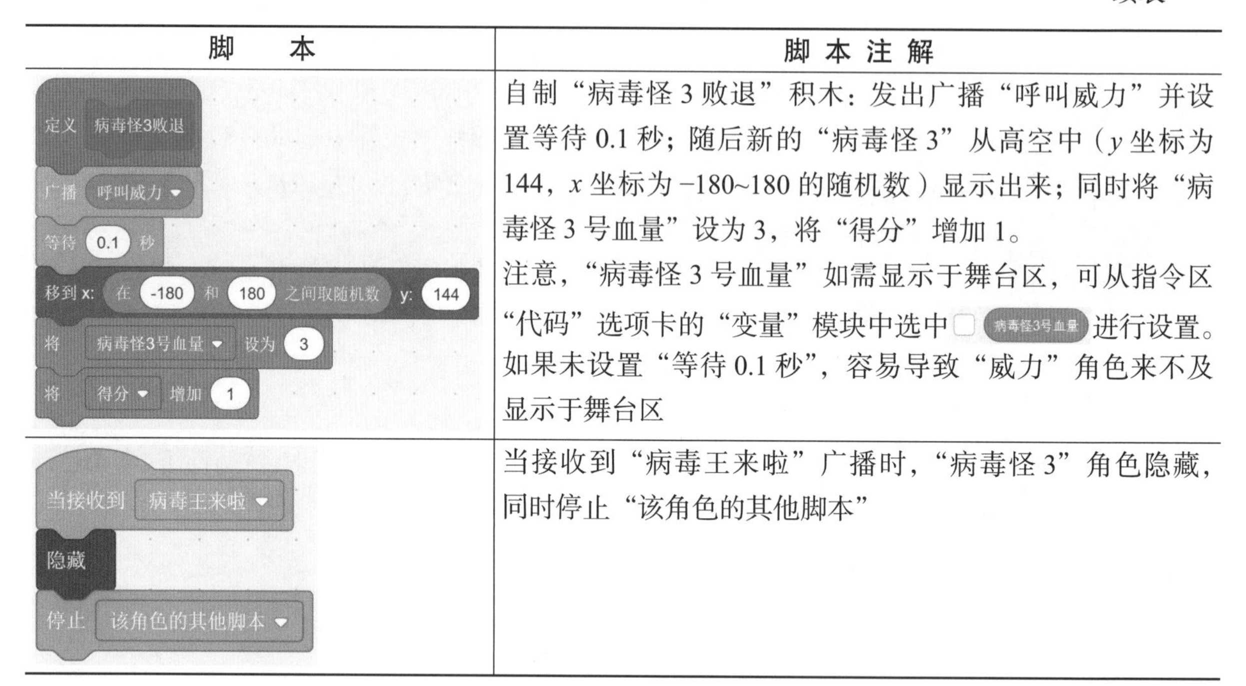

脚　本	脚本注解
定义 病毒怪3败退 广播 呼叫威力 等待 0.1 秒 移到 x: 在 -180 和 180 之间取随机数 y: 144 将 病毒怪3号血量 设为 3 将 得分 增加 1	自制“病毒怪 3 败退”积木：发出广播“呼叫威力”并设置等待 0.1 秒；随后新的“病毒怪 3”从高空中（y 坐标为 144，x 坐标为 −180~180 的随机数）显示出来；同时将“病毒怪 3 号血量”设为 3，将“得分”增加 1。 注意，“病毒怪 3 号血量”如需显示于舞台区，可从指令区“代码”选项卡的“变量”模块中选中 病毒怪3号血量 进行设置。如果未设置“等待 0.1 秒”，容易导致“威力”角色来不及显示于舞台区
当接收到 病毒王来啦 隐藏 停止 该角色的其他脚本	当接收到“病毒王来啦”广播时，“病毒怪 3”角色隐藏，同时停止“该角色的其他脚本”

（7）“病毒王”角色的脚本如表 14-7 所示。

表14-7　“病毒王”角色的脚本

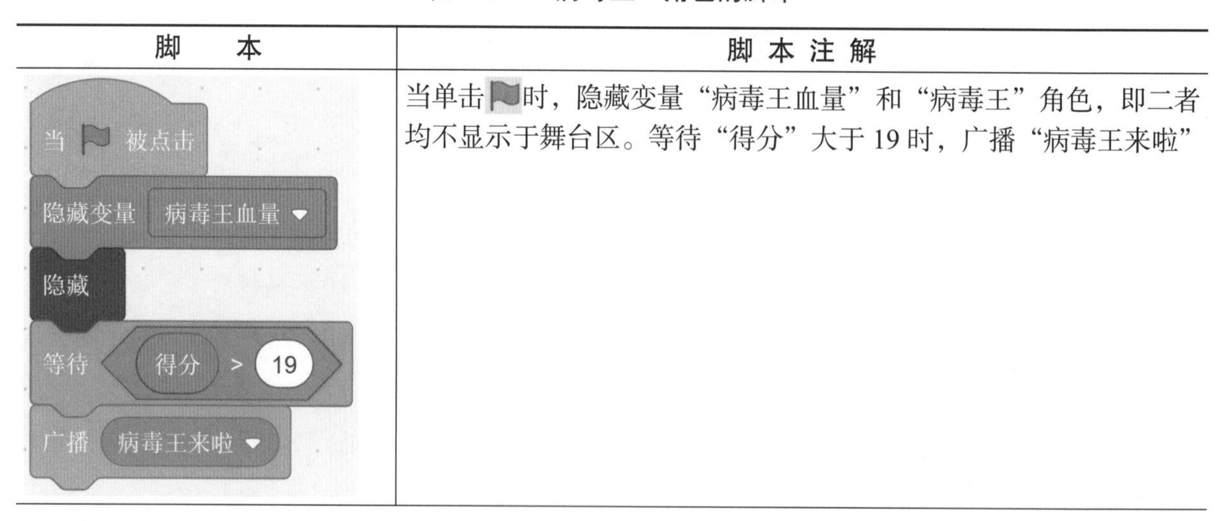

脚　本	脚本注解
当 🏁 被点击 隐藏变量 病毒王血量 隐藏 等待 得分 > 19 广播 病毒王来啦	当单击 🏁 时，隐藏变量“病毒王血量”和“病毒王”角色，即二者均不显示于舞台区。等待“得分”大于 19 时，广播“病毒王来啦”

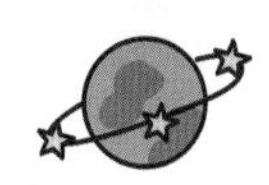

续表

脚　　本	脚 本 注 解
当接收到 病毒王来啦 显示 将旋转方式设为 不可旋转 移到 x: -3 y: 36 面向 90 方向 重复执行 移动 2 步 碰到边缘就反弹	当接收到“病毒王来啦”广播时，“病毒王”角色面向 90 度方向显示于舞台区（x 坐标为 −3，y 坐标为 36），并设置为“不可旋转”方式；随后重复执行如下操作： （1）移动 2 步。 （2）碰到边缘就反弹
当接收到 病毒王来啦 重复执行 如果 碰到 杀毒喷雾 ? 那么 广播 杀毒喷雾耗尽	当接收到“病毒王来啦”广播时,重复执行如下操作：如果碰到“杀毒喷雾”则广播“杀毒喷雾耗尽”
当接收到 病毒王来啦 将 病毒王血量 设为 100 显示变量 病毒王血量 等待 病毒王血量 < 1 重复执行 10 次 将 亮度 特效增加 10 隐藏 停止 全部脚本	当接收到“病毒王来啦”广播时，将“病毒王血量”设为 100，同时显示变量于舞台区；等待“病毒王血量”小于 1 时，将“亮度特效增加 10”操作重复执行 10 次,随后隐藏“病毒王”角色并停止“全部脚本”

视频学习

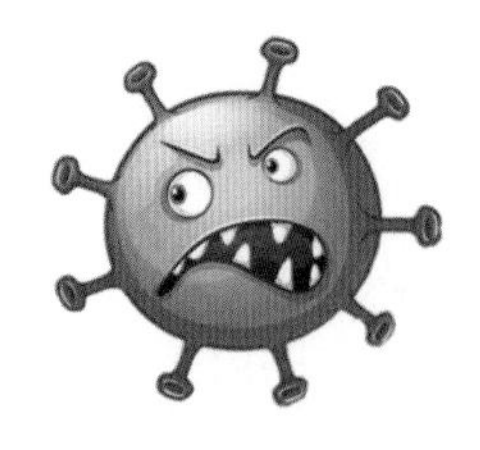

第15章　精准打击“病毒怪”

1. 场景初体验

我们能够以“针头”当武器，精准打击“病毒怪”，让“病毒怪”无处可逃。一场打击“病毒怪”的战役马上就要开始啦！如图 15-1 和图 15-2 所示，快来体验一下吧！

图15-1　游戏效果1

图15-2　游戏效果2

2. 角色面对面

本游戏的角色如图 15-3 所示。

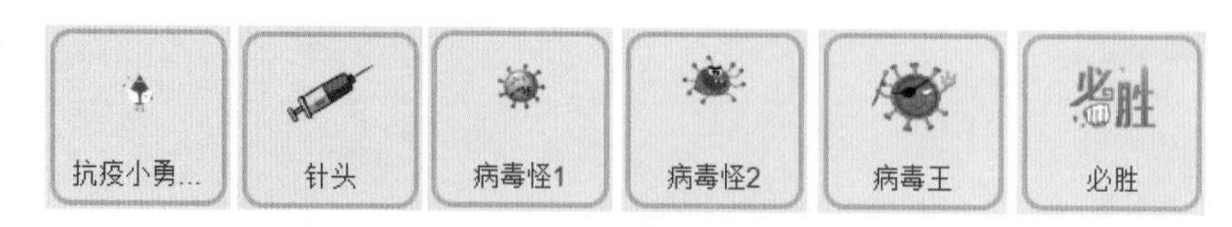

图15-3　游戏的角色

3. 创作动起来

步骤 1：创建项目，如图 14-4 所示。

步骤 2：添加舞台背景，如图 15-4 和图 15-5 所示。

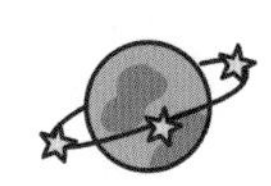

图15-4　添加舞台背景1

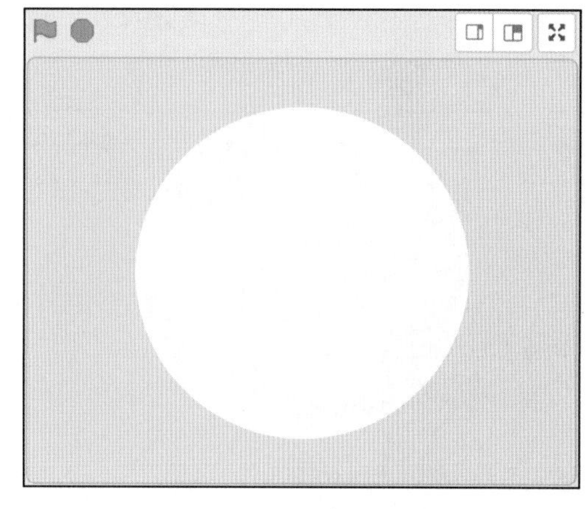

图15-5　添加舞台背景2

步骤 3：添加如图 15-3 所示的 6 个角色。

步骤 4：针对背景进行脚本创作。

步骤 5：针对各角色进行脚本创作。

4. 脚本注解

（1）“舞台区”背景的脚本如表 15-1 所示。

表15-1　“舞台区”背景的脚本

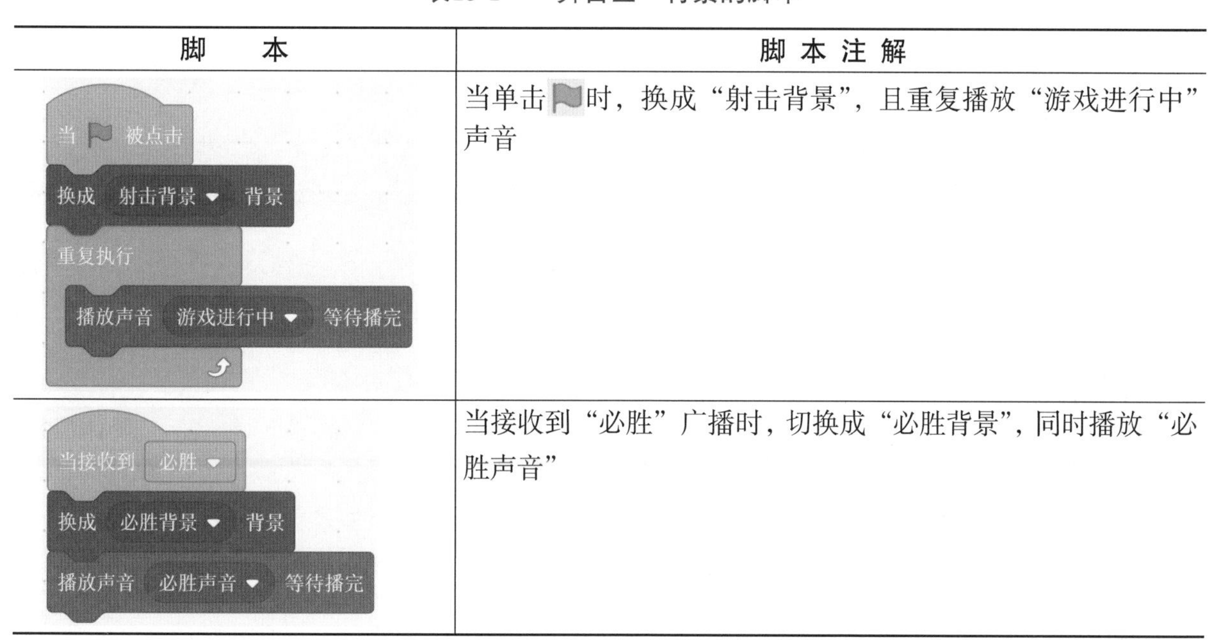

脚　　本	脚 本 注 解
当 [绿旗] 被点击 换成 射击背景 背景 重复执行 播放声音 游戏进行中 等待播完	当单击[绿旗]时，换成“射击背景”，且重复播放“游戏进行中”声音
当接收到 必胜 换成 必胜背景 背景 播放声音 必胜声音 等待播完	当接收到“必胜”广播时，切换成“必胜背景”，同时播放“必胜声音”

（2）“抗疫小勇士”角色的脚本如表 15-2 所示。

表15-2 “抗疫小勇士”角色的脚本

脚　　本	脚 本 注 解
当 被点击 将 得分 设为 0 移到最 前面 移到 x: 162 y: 133	当单击时，将变量“得分”设为 0，“抗疫小勇士”角色移到最前面，同时在舞台区移到坐标（162，133）处

（3）“针头”角色的脚本如表 15-3 所示。

表15-3 “针头”角色的脚本

脚　　本	脚 本 注 解
当 被点击 移到 x: 113 y: 155 移到最 前面 重复执行 面向 鼠标指针	当单击时，“针头”角色在舞台区移到坐标（113，155）处，同时移到最前面，并重复执行“面向鼠标指针”操作，即实现面向鼠标指针方向灵活旋转
当按下 空格 键 克隆 自己	当按“空格”键时，“针头”角色执行克隆自己操作，即构造出多个“针头”
当作为克隆体启动时 重复执行 移动 10 步 如果 碰到 舞台边缘 ? 那么 删除此克隆体	当作为“针头”角色的克隆体启动时，重复执行如下操作： （1）移动 10 步。 （2）如果碰到“舞台边缘”，则删除此克隆体，即“针头”克隆体消失

（4）“病毒怪 1”角色的脚本如表 15-4 所示。

表15-4　“病毒怪1”角色的脚本

脚　　本	脚 本 注 解
当 被点击 隐藏 重复执行 克隆 自己 等待 在 1 和 3 之间取随机数 秒	当单击时，“病毒怪 1”角色隐藏，即“病毒怪 1”角色不显示于舞台区，随后重复执行“随机等待 1~3 秒克隆自己”
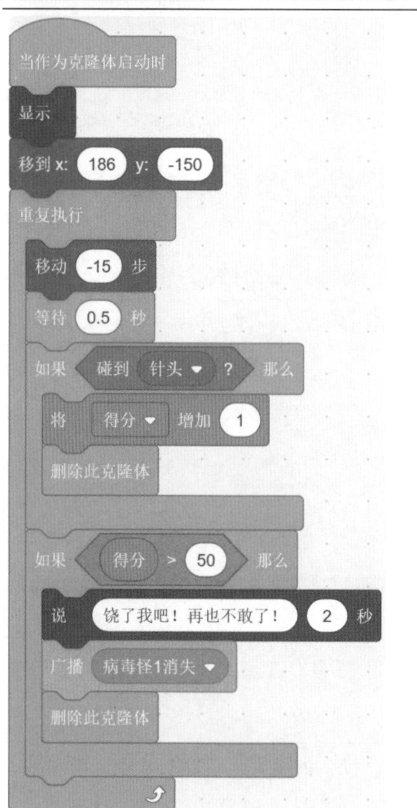	当作为“病毒怪 1”角色的克隆体启动时，“病毒怪 1”的克隆体显示于舞台区，并移至坐标（186，−150）处。 重复执行如下操作： （1）移动 −15 步，即向左移动 15 步。 （2）等待 0.5 秒。 （3）如果碰到“针头”角色，则将变量“得分”增加 1，同时删除此克隆体，即“病毒怪 1”的克隆体消失。 （4）如果变量“得分”大于 50，则“病毒怪 1”的克隆体求饶“饶了我吧！再也不敢了！”,随后在广播“病毒怪 1 消失”信息时，删除此克隆体，即“病毒怪 1”的克隆体消失
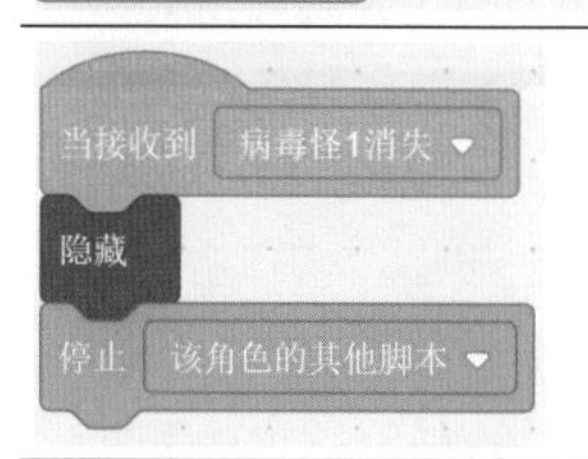	当接收到“病毒怪 1 消失”广播时，“病毒怪 1”角色隐藏，即“病毒怪 1”角色不显示于舞台区，同时停止“该角色的其他脚本”，即不再进行“随机等待 1~3 秒克隆自己”等脚本操作

（5）“病毒怪 2”角色的脚本如表 15-5 所示。

表 15-5 “病毒怪 2”角色的脚本

<table>
<tr><th>脚　本</th><th>脚本注解</th></tr>
<tr><td>当 🏴 被点击
隐藏
重复执行
克隆 自己
等待 在 1 和 3 之间取随机数 秒</td><td>当单击🏴时，“病毒怪 2”角色隐藏，即“病毒怪 2”角色不显示于舞台区，随后重复执行“随机等待 1~3 秒克隆自己”</td></tr>
<tr><td>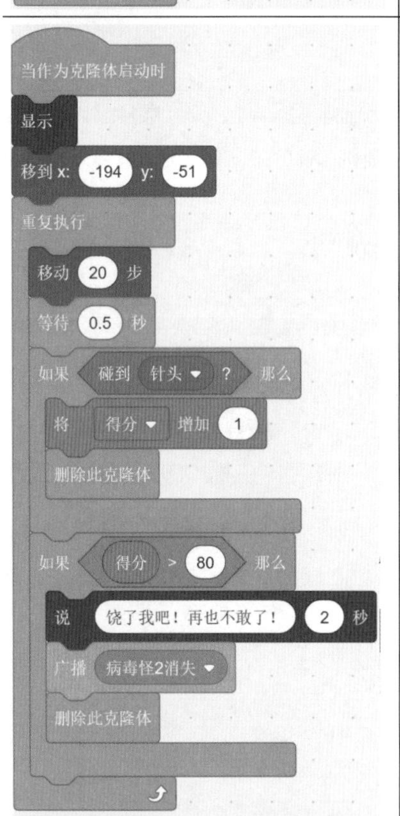
</td><td>当作为“病毒怪 2”角色的克隆体启动时，“病毒怪 2”的克隆体显示于舞台区，并移到坐标（−194，−51）处。
重复执行如下操作：
（1）移动 20 步，即向右移动 20 步。
（2）等待 0.5 秒。
（3）如果碰到“针头”角色，则将变量“得分”增加 1，同时删除此克隆体，即“病毒怪 2”的克隆体消失。
（4）再也不敢了！”，随后在广播“病毒怪 2 消失”信息时，删除此克隆体，即“病毒怪 2”的克隆体消失</td></tr>
<tr><td>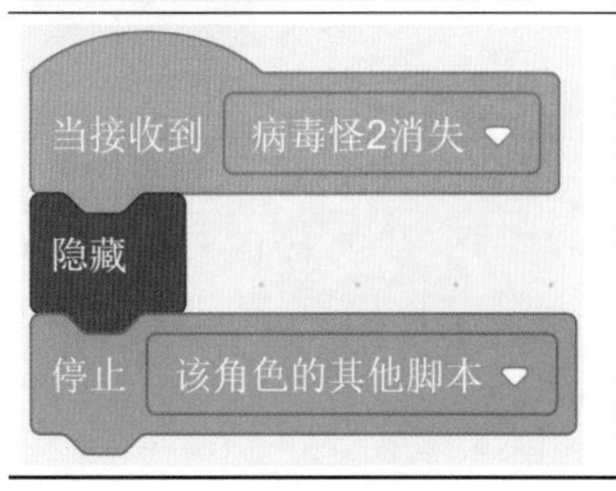
</td><td>当接收到“病毒怪 2 消失”广播时，“病毒怪 2”角色隐藏，即“病毒怪 2”角色不显示于舞台区，同时停止“该角色的其他脚本”，即不再进行“随机等待 1~3 秒克隆自己”等脚本操作</td></tr>
</table>

（6）“病毒王”角色的脚本如表 15-6 所示。

表15-6　“病毒王”角色的脚本

<table>
<tr><th>脚　　本</th><th>脚 本 注 解</th></tr>
<tr><td>当 🏴 被点击
隐藏
重复执行
克隆 自己
等待 在 1 和 3 之间取随机数 秒</td><td>当单击🏴时，“病毒王”角色隐藏，即“病毒王”角色不显示于舞台区，随后重复执行“随机等待 1~3 秒克隆自己”</td></tr>
<tr><td>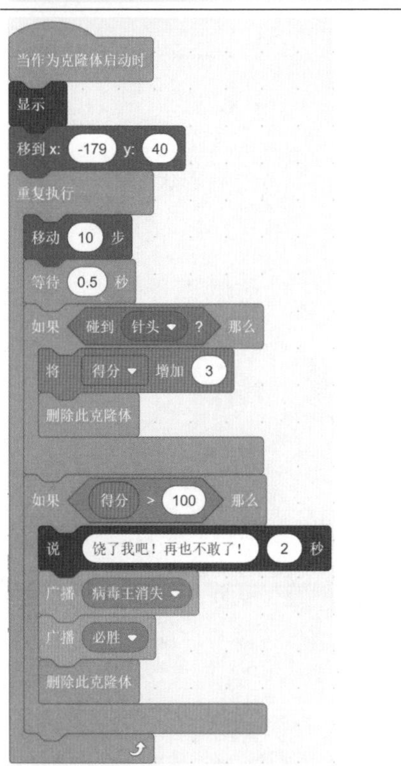
</td><td>当作为“病毒王”角色的克隆体启动时，“病毒王”的克隆体显示于舞台区，并移到坐标（−179，40）处。
重复执行如下操作：
（1）移动 10 步，即向右移动 10 步。
（2）等待 0.5 秒。
（3）如果碰到“针头”角色，则将变量“得分”增加 1，同时删除此克隆体，即“病毒王”的克隆体消失。
（4）如果变量“得分”大于 100，则“病毒王”的克隆体求饶“饶了我吧！再也不敢了！”，随后广播“病毒王消失”信息和“必胜”信息，同时删除此克隆体，即“病毒王”的克隆体消失</td></tr>
<tr><td>
</td><td>当接收到“病毒王消失”广播时，“病毒王”角色隐藏，即“病毒王”角色不显示于舞台区，同时停止“该角色的其他脚本”，即不再进行“随机等待 1~3 秒克隆自己”等脚本操作</td></tr>
</table>

（7）“必胜”角色的脚本如表 15-7 所示。

表15-7 “必胜”角色的脚本

脚　　本	脚 本 注 解
当 被点击 隐藏	当单击时，“必胜”角色隐藏，即“必胜”角色不显示于舞台区
当接收到 必胜 显示	当接收到“必胜”广播时，“必胜”角色显示于舞台区

视频学习

第16章　主动迎战“病毒怪”

1. 场景初体验

“病毒怪”多次入侵“编程魔力王国”，连动物们都看不过去了，看呀！“小飞马”出击了，如图 16-1 和图 16-2 所示。面对各种“病毒怪”丝毫没有一点畏惧，它正在兴奋地狂吃病毒怪呢！

图16-1　游戏效果1

图16-2　游戏效果2

2. 角色面对面

本游戏的角色如图 16-3 所示。

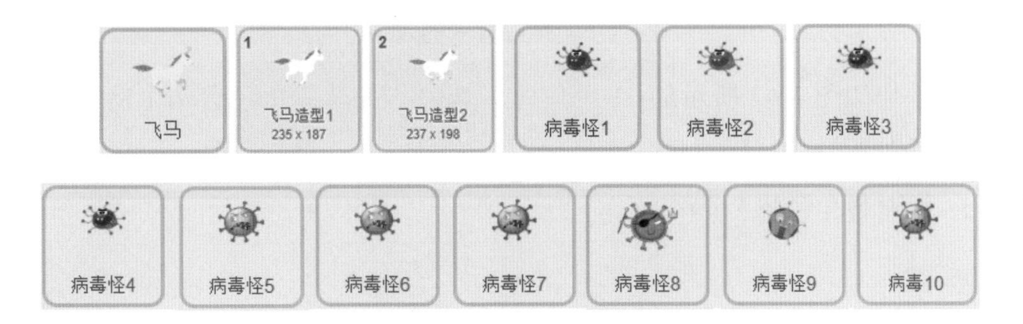

图16-3　游戏的角色

3. 创作动起来

步骤 1：创建项目，如图 14-4 所示。

步骤 2：添加舞台背景，如图 16-4 和图 16-5 所示。

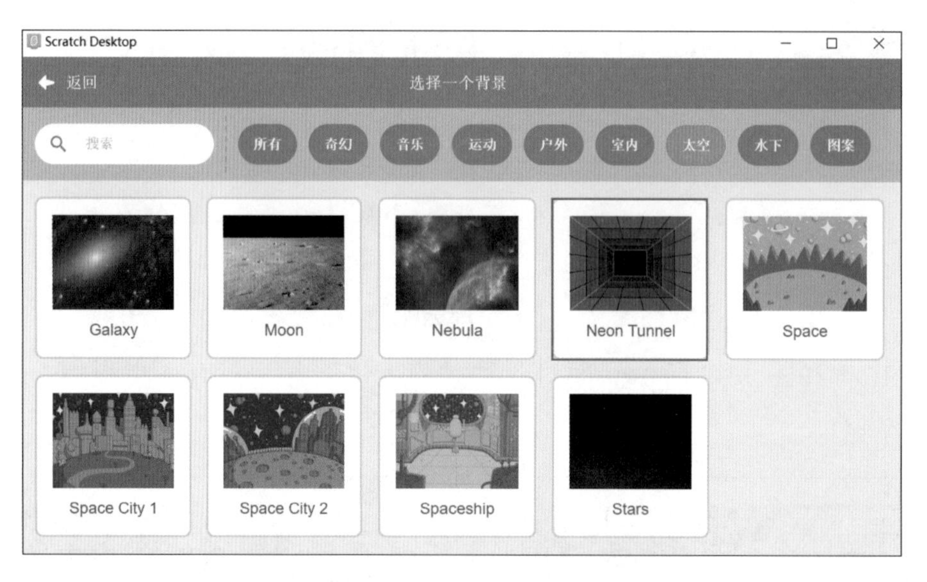

图16-4　添加舞台背景

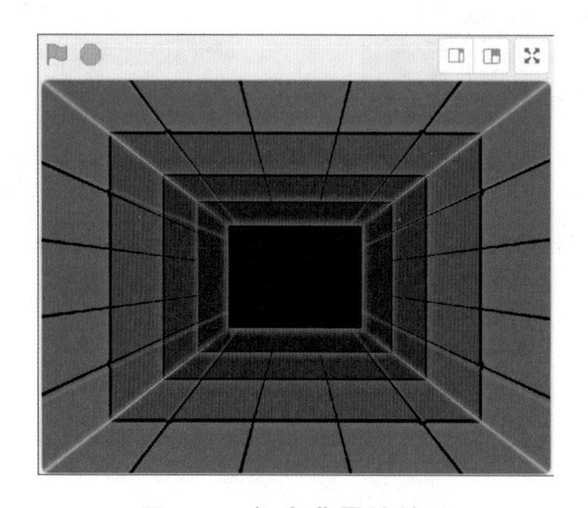

图16-5　舞台背景的效果

步骤 3：添加如图 16-3 所示的 11 个角色，其中“飞马”角色有两个造型。

步骤 4：针对背景进行脚本创作。

步骤 5：针对各角色进行脚本创作。

4. 脚本注解

（1）“舞台区”背景的脚本如表 16-1 所示。

（2）“飞马”角色的脚本如表 16-2 所示。

（3）“病毒怪 1”角色的脚本如表 16-3 所示。

表16-1　“舞台区”背景的脚本

脚　　本	脚 本 注 解
当 🏴 被点击 重复执行 播放声音 Dance Head Nod ▾ 等待播完	当单击🏴时，重复播放 Dance Head Nod 声音

表16-2　“飞马”角色的脚本

脚　　本	脚 本 注 解
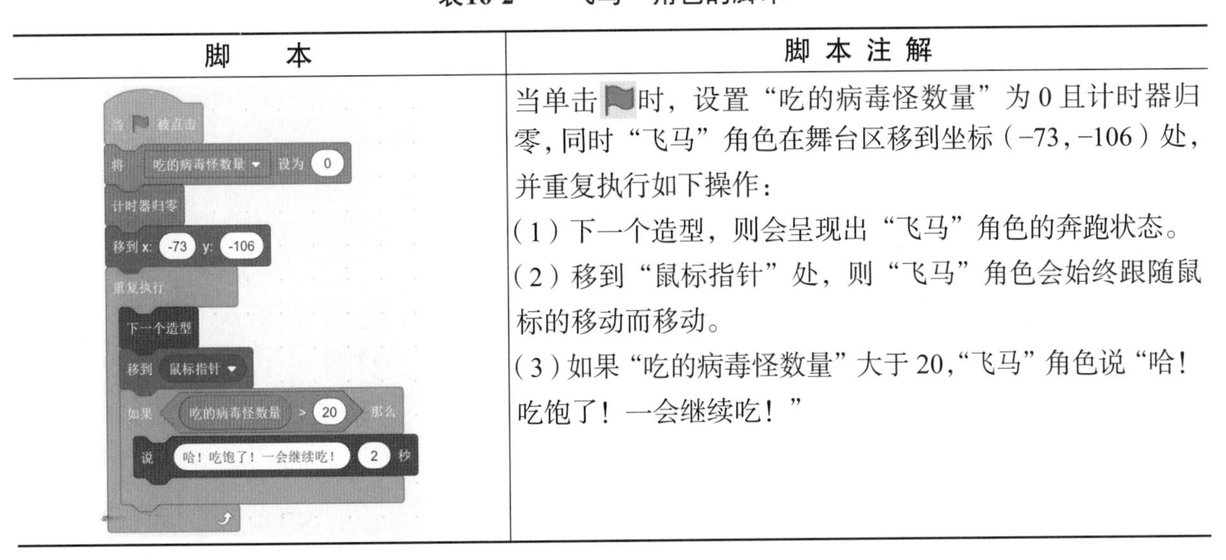	当单击🏴时，设置“吃的病毒怪数量”为 0 且计时器归零，同时“飞马”角色在舞台区移到坐标（−73，−106）处，并重复执行如下操作： （1）下一个造型，则会呈现出“飞马”角色的奔跑状态。 （2）移到“鼠标指针”处，则“飞马”角色会始终跟随鼠标的移动而移动。 （3）如果“吃的病毒怪数量”大于 20，“飞马”角色说“哈！吃饱了！一会继续吃！”

表16-3　“病毒怪1”角色的脚本

脚　　本	脚 本 注 解
当 🏴 被点击 移到 x: 209 y: 115 重复执行 在 2 秒内滑行到 随机位置 ▾ 如果 碰到 飞马 ▾ ? 那么 隐藏 将 吃的病毒怪数量 ▾ 增加 1 等待 4 秒 显示 否则 在 2 秒内滑行到 随机位置 ▾	当单击🏴时，“病毒怪 1”角色在舞台区移到坐标（209，115）处，并重复执行如下操作： （1）在 2 秒内滑行到随机位置。 （2）如果碰到“飞马”角色，则“病毒怪 1”隐藏，即被“飞马”吃掉，同时将“吃的病毒怪数量”增加 1；等待 4 秒后，“病毒怪 1”角色再显示于舞台区。 （3）如果没碰到“飞马”角色，则“病毒怪 1”在 2 秒内移到随机位置

（4）“病毒怪 2”角色的脚本如表 16-4 所示。

表16-4　“病毒怪2”角色的脚本

脚　本	脚 本 注 解
当 被点击 移到 x: -80 y: 113 重复执行 在 2 秒内滑行到 随机位置 如果 碰到 飞马 ? 那么 隐藏 将 吃的病毒怪数量 增加 1 等待 4 秒 显示 否则 在 2 秒内滑行到 随机位置	当单击时，“病毒怪 2”角色在舞台区移至坐标（−80，113）处，并重复执行如下操作： （1）在 2 秒内移到随机位置。 （2）如果碰到“飞马”角色，则“病毒怪 2”隐藏，即被“飞马”吃掉，同时将“吃的病毒怪数量”增加 1；等待 4 秒后，“病毒怪 2”角色再显示于舞台区。 （3）如果没碰到“飞马”角色，则“病毒怪 2”在 2 秒内滑行到随机位置

至此，小伙伴们不难发现，“病毒怪 1”角色的脚本与“病毒怪 2”角色的脚本基本一致，仅在位置坐标中有差异，所以举一反三，“病毒怪 3”～“病毒怪 10”角色的脚本应该也基本相同，哈哈，难不住我们，大家一起来创作吧！

视频学习

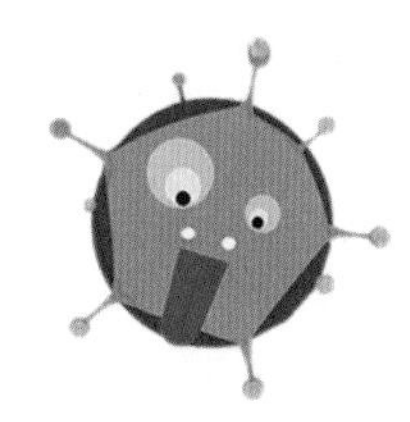

第17章 决战“病毒怪”

1. 场景初体验

“病毒怪”又一次入侵“编程魔力王国”，如图 17-1 所示。勇敢的小勇士们直接上阵，挥挥手臂就可以将“病毒怪们”一分为二，摇晃一下头就可以将它们击打得支离破碎，如图 17-2 所示。是不是很神奇呢！迫不及待要上阵了吧！

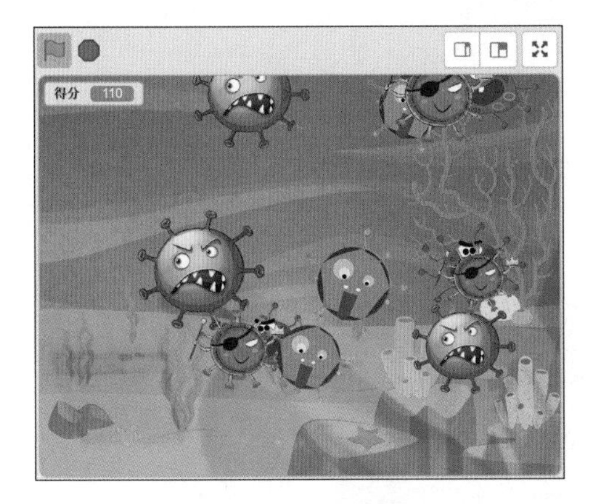

图17-1 游戏效果1

图17-2 游戏效果2

2. 角色面对面

本游戏的角色如图 17-3 所示。

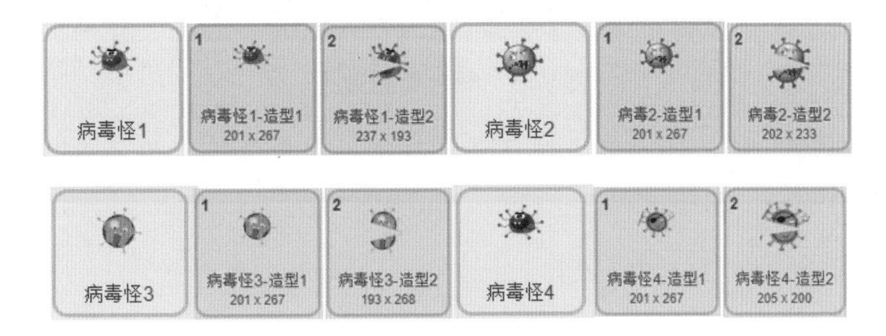

图17-3 游戏的角色

3. 创作动起来

步骤 1：创建项目，如图 14-4 所示。

步骤 2：添加舞台背景，如图 17-4 和图 17-5 所示。

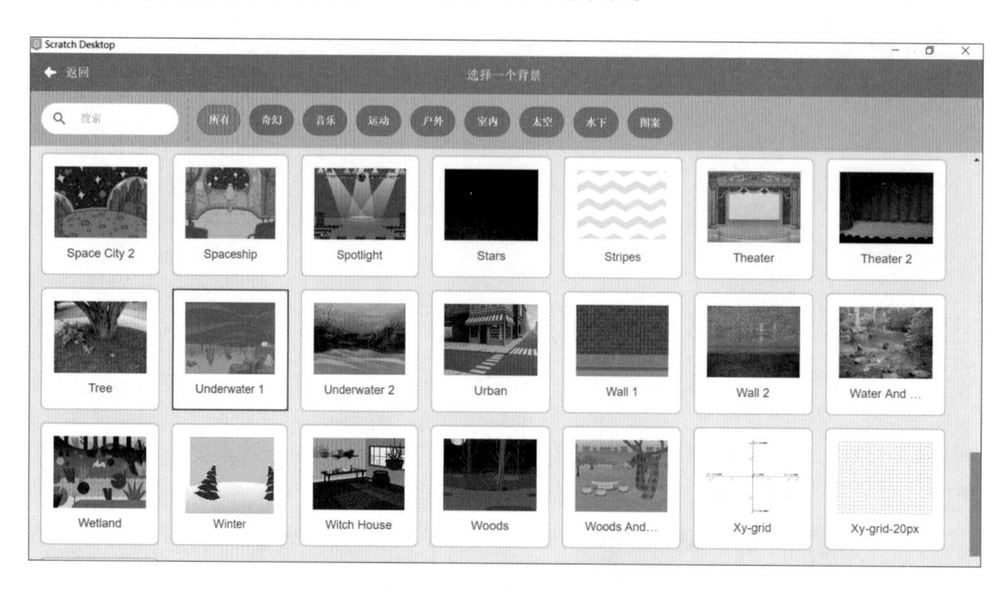

图17-4　添加舞台背景

图17-5　舞台背景效果

步骤 3：添加如图 17-3 所示的 4 个角色，其中每个角色各有两个造型。

步骤 4：针对背景进行脚本创作。

步骤 5：针对各角色进行脚本创作。

4. 脚本注解

（1）“舞台区”背景的脚本如表 17-1 所示。

（2）“病毒怪 1”角色的脚本如表 17-2 所示。

表17-1　“舞台区”背景的脚本

脚　　本	脚 本 注 解
当 🏳 被点击 将 得分 设为 0 重复执行 播放声音 背景音乐 等待播完	当单击🏳时，将“得分”变量设为0，同时重复执行播放“背景音乐”操作。 注意，“得分”变量可事先在指令区“代码”选项卡的“变量”模块中进行设置，并通过选中☑ 得分 将其显示于舞台区

表17-2　“病毒怪1”角色的脚本

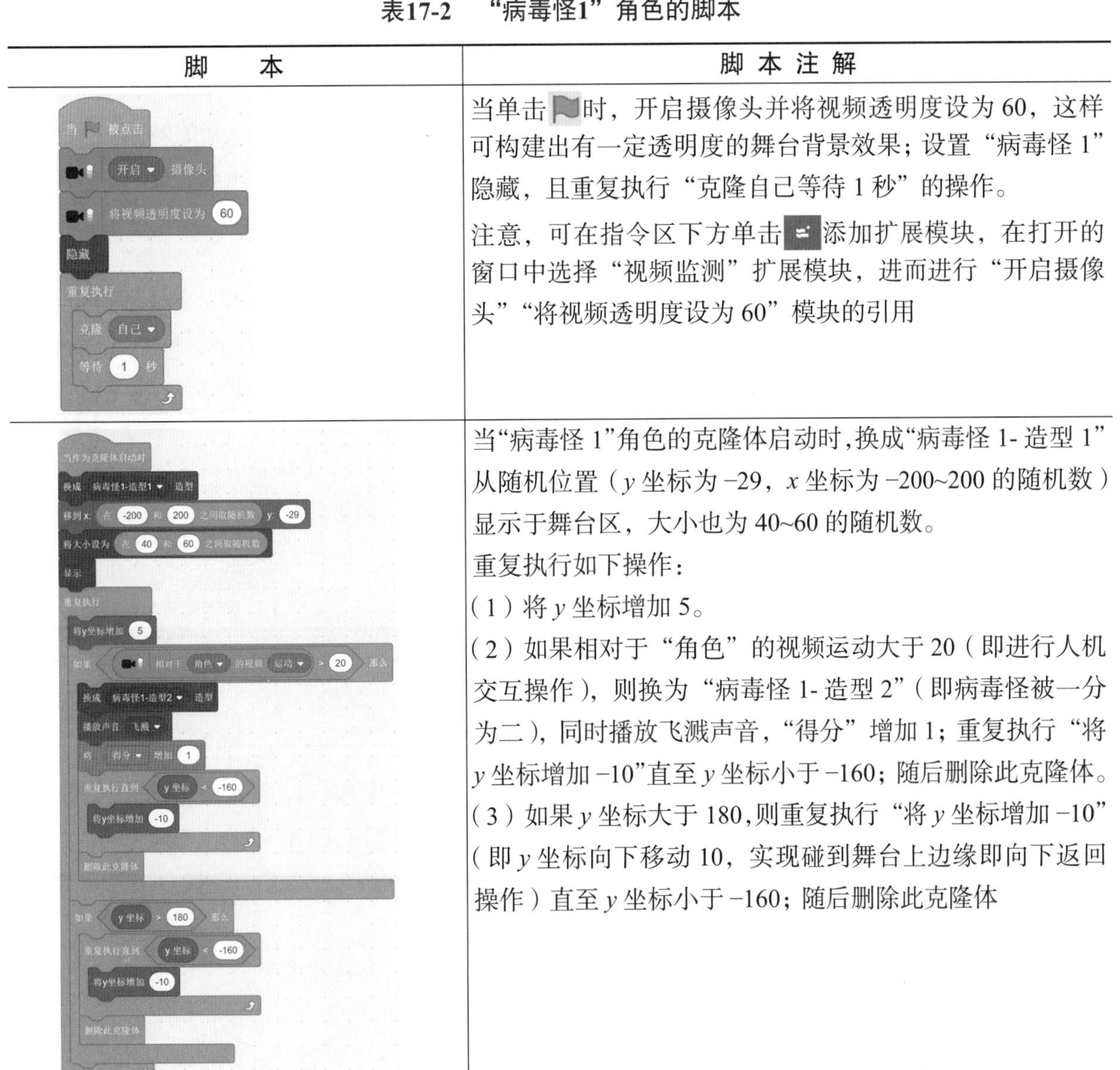

脚　　本	脚 本 注 解
当 🏳 被点击 开启 摄像头 将视频透明度设为 60 隐藏 重复执行 克隆 自己 等待 1 秒	当单击🏳时，开启摄像头并将视频透明度设为60，这样可构建出有一定透明度的舞台背景效果；设置“病毒怪 1”隐藏，且重复执行“克隆自己等待 1 秒”的操作。 注意，可在指令区下方单击 添加扩展模块，在打开的窗口中选择“视频监测”扩展模块，进而进行“开启摄像头”“将视频透明度设为 60”模块的引用
当作为克隆体启动时 换成 病毒怪1-造型1 造型 移到x: 在 -200 和 200 之间取随机数 y: -29 将大小设为 在 40 和 60 之间取随机数 显示 重复执行 将y坐标增加 5 如果 相对于 角色 的视频 运动 > 20 那么 换成 病毒怪1-造型2 造型 播放声音 飞溅 将 得分 增加 1 重复执行直到 y坐标 < -160 将y坐标增加 -10 删除此克隆体 如果 y坐标 > 180 那么 重复执行直到 y坐标 < -160 将y坐标增加 -10 删除此克隆体	当“病毒怪 1”角色的克隆体启动时，换成“病毒怪 1- 造型 1”从随机位置（y 坐标为 −29，x 坐标为 −200~200 的随机数）显示于舞台区，大小也为 40~60 的随机数。 重复执行如下操作： （1）将 y 坐标增加 5。 （2）如果相对于“角色”的视频运动大于 20（即进行人机交互操作），则换为“病毒怪 1- 造型 2”（即病毒怪被一分为二），同时播放飞溅声音，“得分”增加 1；重复执行“将 y 坐标增加 −10”直至 y 坐标小于 −160；随后删除此克隆体。 （3）如果 y 坐标大于 180，则重复执行“将 y 坐标增加 −10”（即 y 坐标向下移动 10，实现碰到舞台上边缘即向下返回操作）直至 y 坐标小于 −160；随后删除此克隆体

（3）“病毒怪 2”角色的脚本如表 17-3 所示。

表17-3 “病毒怪2”角色的脚本

脚　本	脚本注解
当 被点击 隐藏 重复执行 克隆 自己 等待 1 秒	当单击时，设置“病毒怪 2”隐藏，且重复执行“克隆自己等待 1 秒”的操作
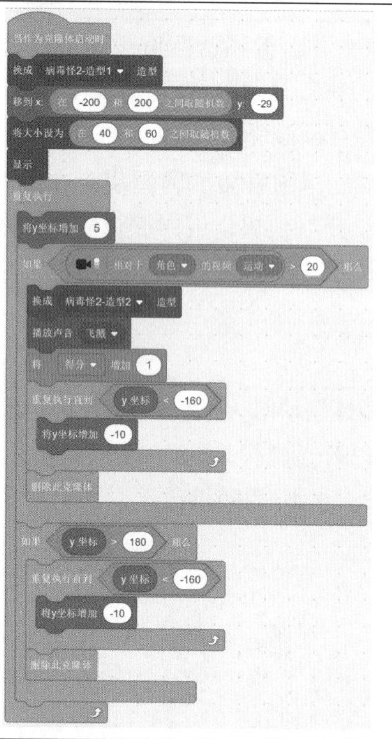	当“病毒怪 2”角色的克隆体启动时，换成“病毒怪 2- 造型 1”从随机位置（y 坐标为 −29，x 坐标为 −200~200 的随机数）显示于舞台区，且大小为 40~60 的随机数。 重复执行如下操作： （1）将 y 坐标增加 5。 （2）如果相对于“角色”的视频运动大于 20（即进行人机交互操作），则换为“病毒怪 2- 造型 2”（即病毒怪被一分为二），同时播放飞溅声音，“得分”增加 1；重复执行“y 坐标增加 −10”直至 y 坐标小于 −160；随后删除此克隆体。 （3）如果 y 坐标大于 180，则重复执行“将 y 坐标增加 −10”（即 y 坐标向下移动 10，实现碰到舞台上边缘即向下返回操作）直至 y 坐标小于 −160；随后删除此克隆体

在上述脚本中，“病毒怪 1”角色的脚本与“病毒怪 2”角色的脚本大同小异，仅在“开启摄像头”和“将视频透明度设为 60”程序块处存在差异。不难推理出，“病毒怪 3”和“病毒怪 4”角色的脚本同“病毒怪 2”角色的脚本也是基本一致的。看来有趣的游戏创作也并不是很难嘛！小勇士们快来创作自己的游戏吧！

视频学习

第18章　疫情防控智慧问答

1. 场景初体验

我们已经积累了很多抗击“病毒怪”的经验，在与“病毒怪”的一次次对抗中，让自己的知识也越来越丰富，快通过如图 18-1 和图 18-2 所示的“疫”起来答题“疫情防控智慧问答”评测一下吧！

图18-1　游戏效果1

图18-2　游戏效果2

2. 角色面对面

本游戏的角色如图 18-3 所示。

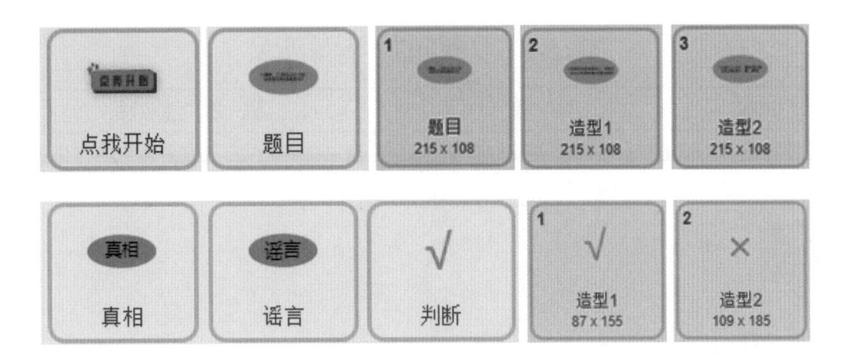

图18-3　游戏的角色

3. 创作动起来

步骤 1：创建项目，如图 14-4 所示。

步骤 2：从本地电脑中添加多个舞台背景，如图 18-4 所示。

图18-4　添加多个舞台背景

步骤 3：添加如图 18-3 所示的 5 个角色，其中“题目”角色有 3 个造型，“判断”角色有两个造型。

步骤 4：针对背景进行脚本创作。

步骤 5：针对各角色进行脚本创作。

4. 脚本注解

（1）“舞台区”背景的脚本如表 18-1 所示。

表18-1　“舞台区”背景脚本

脚　　本	脚 本 注 解
当 [绿旗] 被点击 换成 背景图 ▼ 背景 重复执行 播放声音 Dance Around ▼ 等待播完	当单击 [绿旗] 时，舞台区显示“背景图”，同时重复执行播放 Dance Around 操作

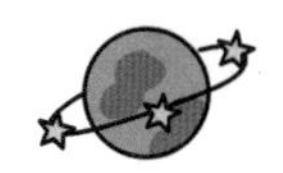

续表

脚　　本	脚 本 注 解
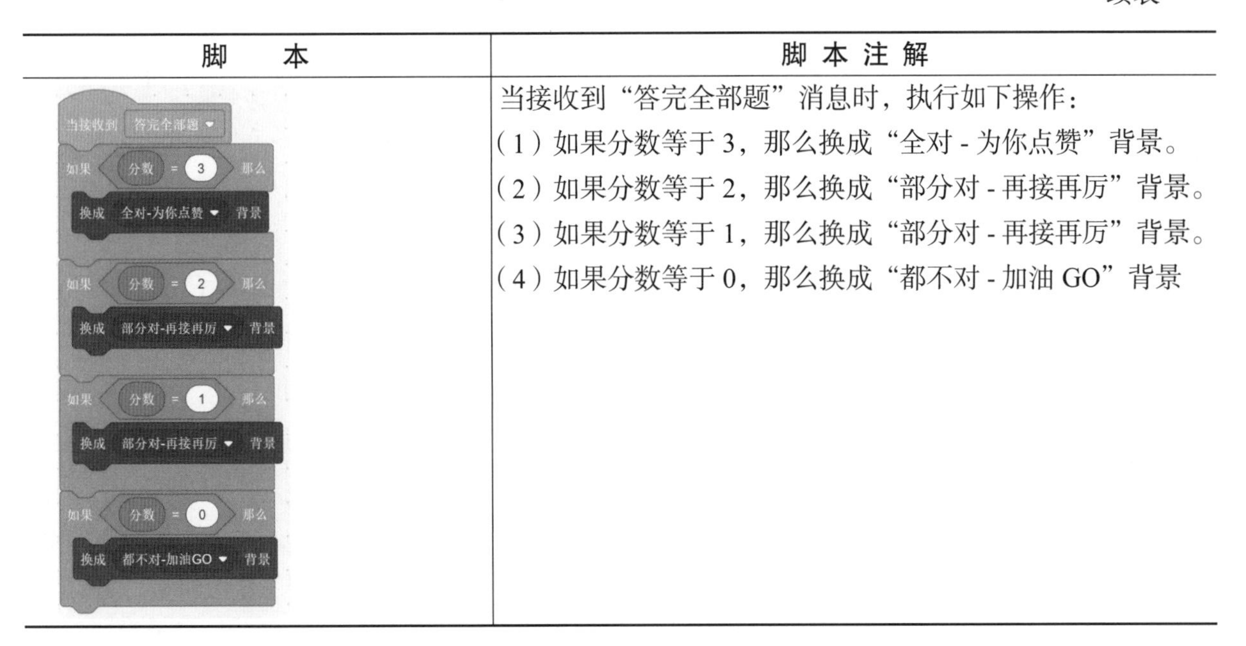	当接收到“答完全部题”消息时，执行如下操作： （1）如果分数等于 3，那么换成“全对 - 为你点赞”背景。 （2）如果分数等于 2，那么换成“部分对 - 再接再厉”背景。 （3）如果分数等于 1，那么换成“部分对 - 再接再厉”背景。 （4）如果分数等于 0，那么换成“都不对 - 加油 GO”背景

（2）“点我开始”角色的脚本如表 18-2 所示。

表18-2　“点我开始”角色的脚本

脚　　本	脚 本 注 解
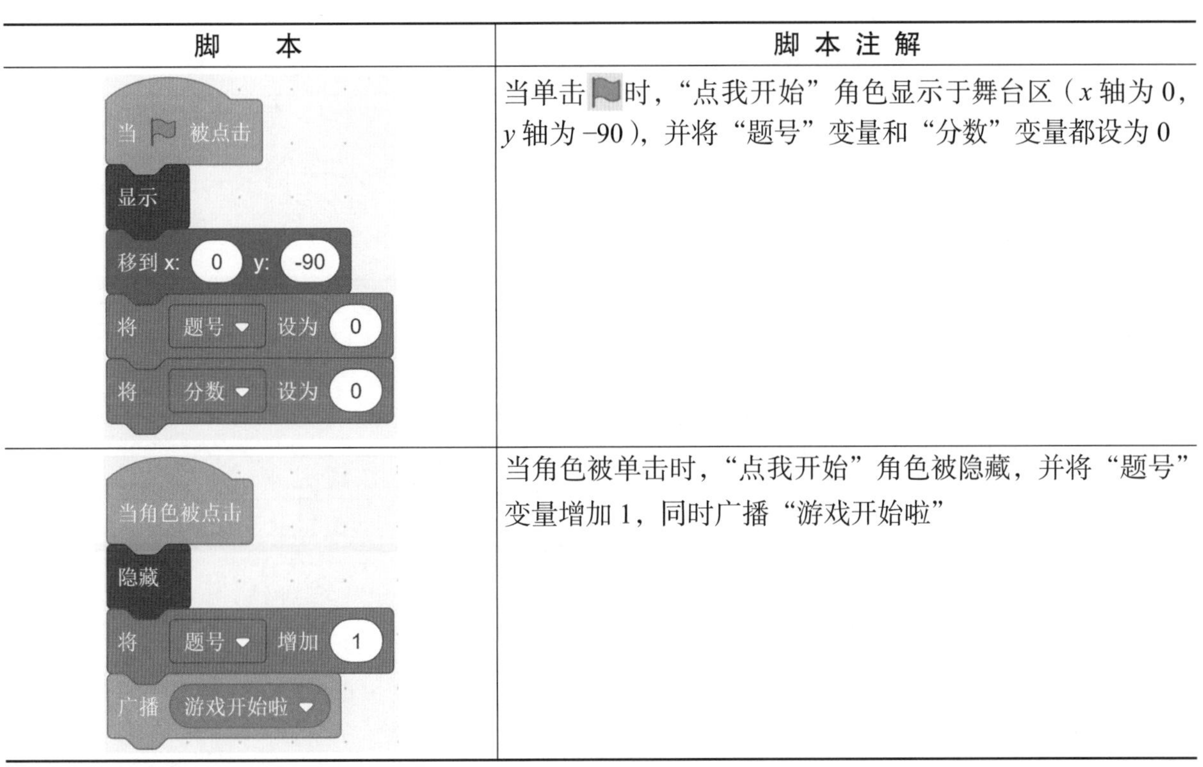	当单击时，“点我开始”角色显示于舞台区（x 轴为 0，y 轴为 –90），并将“题号”变量和“分数”变量都设为 0
	当角色被单击时，“点我开始”角色被隐藏，并将“题号”变量增加 1，同时广播“游戏开始啦”

（3）“题目”角色的脚本如表 18-3 所示。

表18-3　“题目”角色的脚本

脚　　本	脚 本 注 解
当 被点击 隐藏	当单击时，“题目”角色隐藏，即不显示于舞台区
当接收到 游戏开始啦 显示 换成 题目 造型	当接收到“游戏开始啦”消息时，“题目”角色显示于舞台区，并换成“题目”造型
接收到 已答题 果 题号 < 正确答案 的项目数 换成 题号 + 1 造型 将 题号 增加 1 则 将 题号 设为 正确答案 的项目数	当接收到“已答题”消息时，如果“题号”小于“正确答案”列表中的总答案数（即题目总数），那么换成“题号增加 1”的造型，即更换下一题，并将“题号”增加 1；否则“题号”显示为“正确答案”列表中的总答案数（即题目总数，也就是最后一题）
当接收到 答完全部题 隐藏	当接收到“答完全部题”消息时，“题目”角色隐藏，即从舞台区消失

（4）“真相”角色的脚本如表 18-4 所示。

表18-4　“真相”角色的脚本

脚　　本	脚 本 注 解
当 被点击 隐藏	当单击时，“真相”角色隐藏，即不显示于舞台区
当接收到 游戏开始啦 显示	当接收到“游戏开始啦”消息时，“真相”角色显示于舞台区

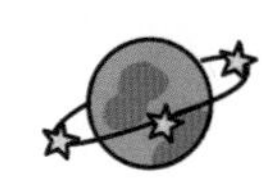

续表

脚　本	脚 本 注 解
当角色被点击 将 谣言or真相 设为 真相 如果 题号 < 正确答案 的项目数 那么 广播 已答题 否则 广播 已答题 等待 1 秒 广播 答完全部题	当“真相”角色被单击时，将“谣言 or 真相”变量设为“真相”；如果“题号”小于“正确答案”列表中的总答案数（即题目总数），广播消息“已答题”，否则广播消息“已答题”，并在 1 秒后广播消息“答完全部题”
当接收到 答完全部题 隐藏	当接收到“答完全部题”消息时，“真相”角色隐藏，即从舞台区消失

（5）“谣言”角色的脚本如表 18-5 所示。

表18-5　“谣言”角色的脚本

脚　本	脚 本 注 解
当 被点击 隐藏	当单击 时，“谣言”角色隐藏，即不显示于舞台区
当接收到 游戏开始啦 显示	当接收到“游戏开始啦”消息时，“谣言”角色显示于舞台区
当角色被点击 将 谣言or真相 设为 谣言 如果 题号 < 正确答案 的项目数 那么 广播 已答题 否则 广播 已答题 等待 1 秒 广播 答完全部题	当“谣言”角色被单击时，将“谣言 or 真相”变量设为“谣言”；如果“题号”小于“正确答案”列表中的总答案数（即题目总数），广播消息“已答题”，否则广播消息“已答题”，并在 1 秒后广播消息“答完全部题”

续表

脚　　本	脚 本 注 解
当接收到 答完全部题 隐藏	当接收到“答完全部题”消息时，“谣言”角色隐藏，即从舞台区消失

（6）“判断”角色的脚本如表 18-6 所示。

表18-6　“判断”角色的脚本

脚　　本	脚 本 注 解
当 被点击 隐藏	当单击时，“判断”角色隐藏，即不显示于舞台区
当接收到 已答题 如果 谣言or真相 = 正确答案 的第 题号 项 那么 移到 鼠标指针 换成 造型1 造型 将 分数 增加 1 否则 移到 鼠标指针 换成 造型2 造型 显示 等待 1 秒 隐藏	当接收到“已答题”消息时，如果“谣言 or 真相”变量的值与“正确答案”列表中对应“题号”项的答案内容相同，即回答正确时，“判断”角色以“√”造型显示于“鼠标指针”处，同时将“分数”变量增加 1；否则“判断”角色以“×”造型显示于“鼠标指针”处，且“分数”变量保持不变。在“判断”角色的“√”或者“×”造型显示 1 秒后，进行隐藏，即从舞台区消失

视频学习

第19章　我们胜利了

1. 场景初体验

众志成城，抗击疫情，团结协作，致敬英雄，为国家点赞！为“抗疫小勇士”点赞！“病毒怪”最终被我们打败了。如图 19-1 和图 19-2 所示，看，鲜艳的五星红旗冉冉升起；听，嘹亮的歌声响彻云霄！少先队员献词“以文诉怀 • 少年心向党”。是啊，我们要对标榜样，学习楷模，奋发进取，勇担使命，科技强国，未来有我！

图19-1 游戏效果1

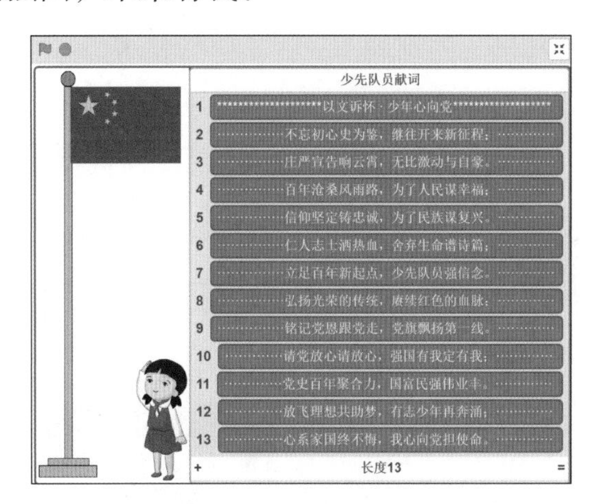

图19-2 游戏效果2

2. 角色面对面

本游戏的角色如图 19-3 所示。

图19-3　游戏的角色

3. 创作动起来

步骤 1：创建项目，如图 14-4 所示。

步骤 2：从本地电脑中添加舞台背景，如图 19-4 所示。

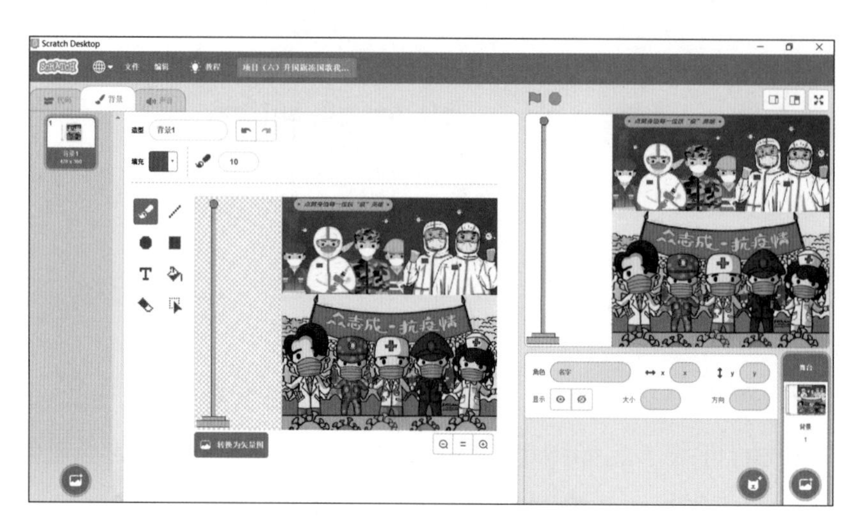

图19-4　添加舞台背景

在此，需要对背景进行修改创作。进入“背景”选项卡，按键盘中的 Ctrl+A 组合键，使图片被全部选中，同时拖动图片向右侧移动，如图 19-5 所示。单击转换为矢量图，工具箱进行更新变化。如图 19-6 所示，通过和填充 轮廓 2 进行“旗杆”绘制，还可通过组合进行多个图形的组合。

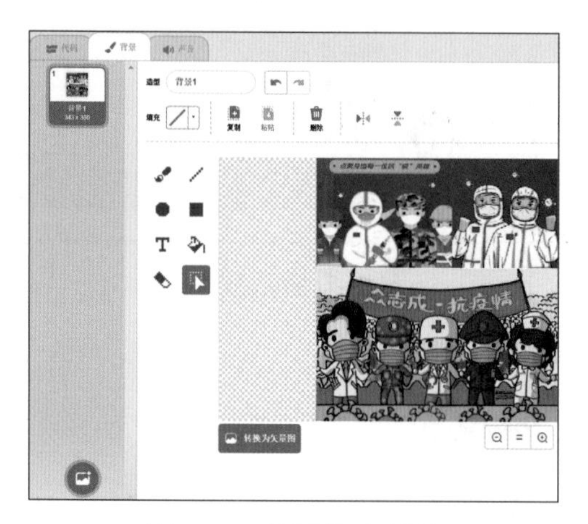

图19-5　背景修改创作

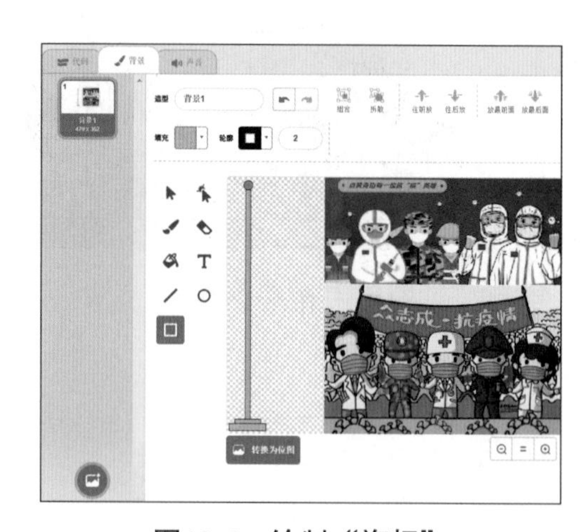

图19-6　绘制“旗杆”

步骤 3：添加两个角色，如表 19-1 所示。细心的小伙伴一定看出来了，“少先队员”角色的红领巾一定是红色的，所以如图 19-7 所示，通过和填充 3 可进行“红领巾”的颜色填充，还可通过进行图片的放大，以便能够更加清楚地进行图片修改。

步骤 4：针对背景进行脚本创作。

步骤 5：针对各角色进行脚本创作。

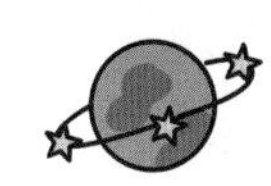

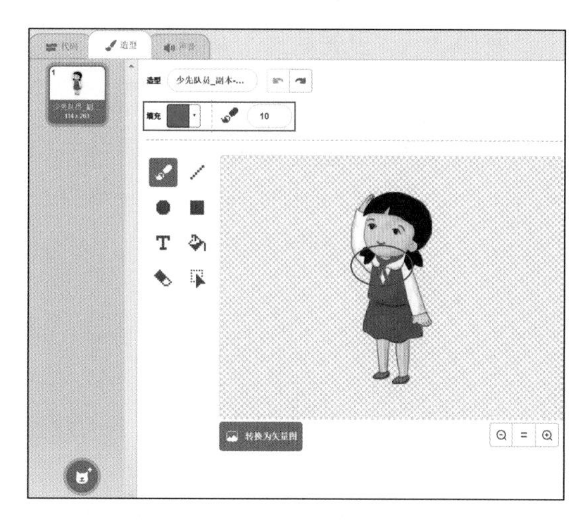

图19-7　“红领巾”颜色填充

4. 脚本注解

（1）“舞台区”背景的脚本如表 19-1 所示。

表19-1　“舞台区”背景脚本

脚　　本	脚 本 注 解
当 被点击 删除 少先队员献词 的全部项目 隐藏列表 少先队员献词	当单击时，删除“少先队员献词”列表的全部项目，同时隐藏“少先队员献词”列表。 注意，可从指令区“代码”选项卡的“变量”模块中，单击 建立一个列表 ，创建“少先队员献词”列表

（2）“国旗”角色的脚本如表 19-2 所示。

表19-2　“国旗”角色的脚本

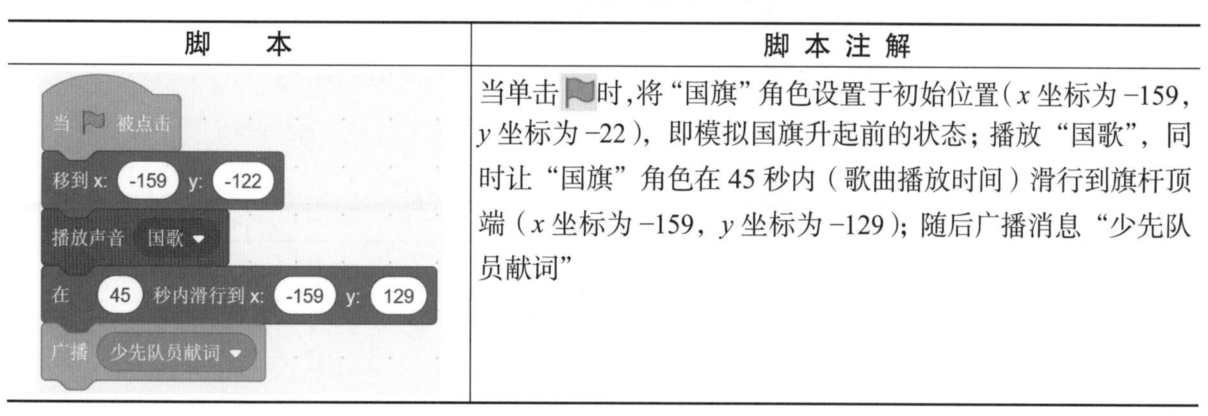

脚　　本	脚 本 注 解
当 被点击 移到 x: -159 y: -122 播放声音 国歌 在 45 秒内滑行到 x: -159 y: 129 广播 少先队员献词	当单击时，将“国旗”角色设置于初始位置（x 坐标为 −159，y 坐标为 −22），即模拟国旗升起前的状态；播放“国歌”，同时让“国旗”角色在 45 秒内（歌曲播放时间）滑行到旗杆顶端（x 坐标为 −159，y 坐标为 −129）；随后广播消息“少先队员献词”

（3）“少先队员”角色的脚本如表 19-3 所示。

表19-3　“少先队员”角色的脚本

脚　　本	脚本注解
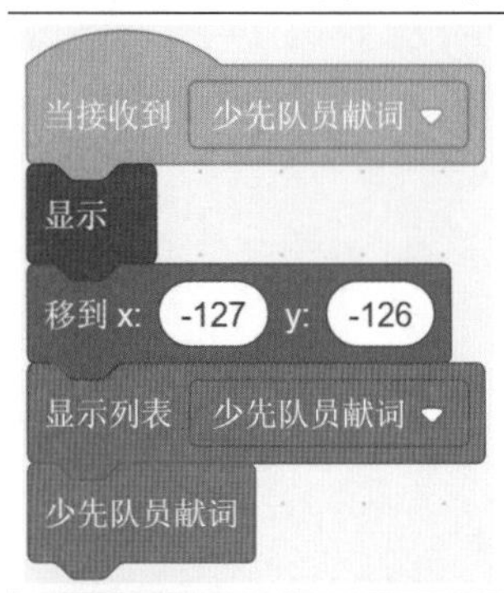	当接收到“少先队员献词”消息时，舞台区显示出“少先队员”角色（x 坐标为 −159，y 坐标为 −129）和“少先队员献词”列表；同时调用自制的“少先队员”积木
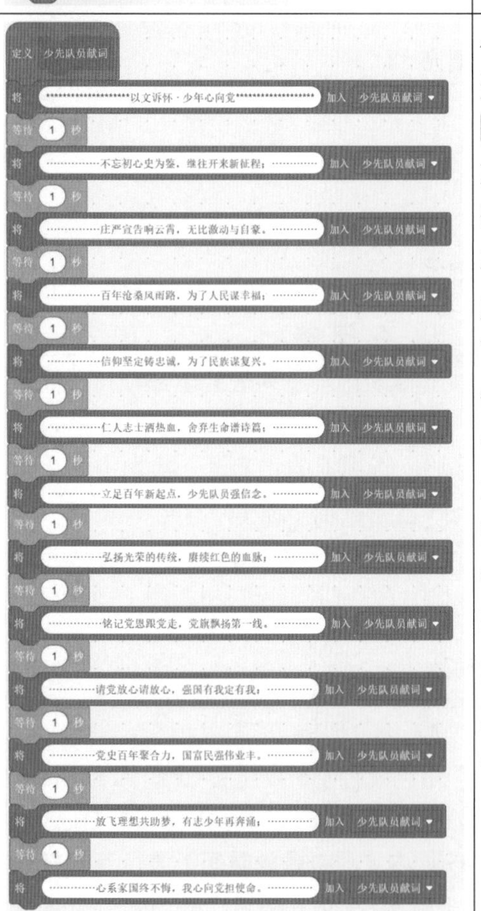	从指令区“代码”选项卡的“自制积木”模块中定义“少先队员”程序块。积木模块中包含如下操作：通过 等待 1 秒 和 将 东西 加入 少先队员献词 依次将“以文诉怀•少年心向党”诗歌逐句加入“少先队员献词”列表中，每间隔 1 秒加入一句。诗歌内容如下： 不忘初心史为鉴，继往开来新征程； 庄严宣告响云霄，无比激动与自豪。 百年沧桑风雨路，为了人民谋幸福； 信仰坚定铸忠诚，为了民族谋复兴。 仁人志士洒热血，舍弃生命谱诗篇； 立足百年新起点，少先队员强信念。 弘扬光荣的传统，赓续红色的血脉； 铭记党恩跟党走，党旗飘扬第一线。 请党放心请放心，强国有我定有我； 党史百年聚合力，国富民强伟业丰。 放飞理想共助梦，有志少年再奔涌； 心系家国终不悔，我心向党担使命。

视频学习

第三部分

开阔眼界

第20章　青少年创意编程
——Scratch竞赛训练题

一、单选题

第 1 题

如图 20-1 所示，当执行程序（　　）时，可以使“病毒怪”在四处活动。

图20-1　第1题图

A. 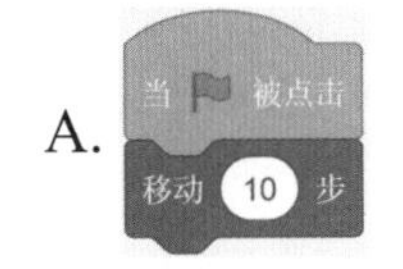

B. 当 被点击
面向 鼠标指针

C. 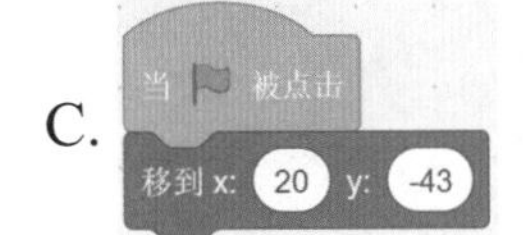

D. 

第 2 题

如图 20-2 所示，选项中的程序（　　），能够帮助“白衣天使”抓住“病毒怪”。

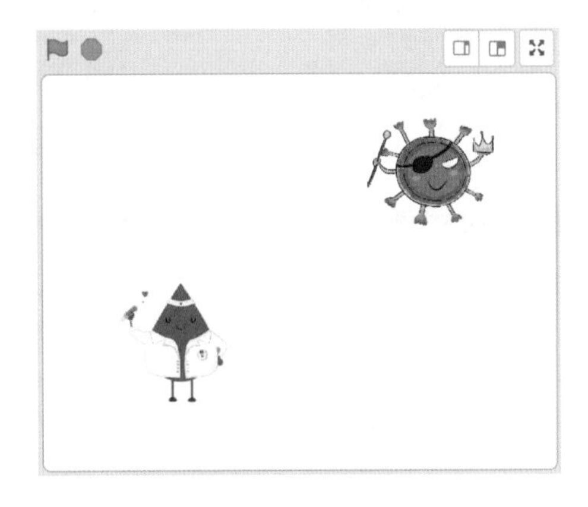

图20-2　第2题图

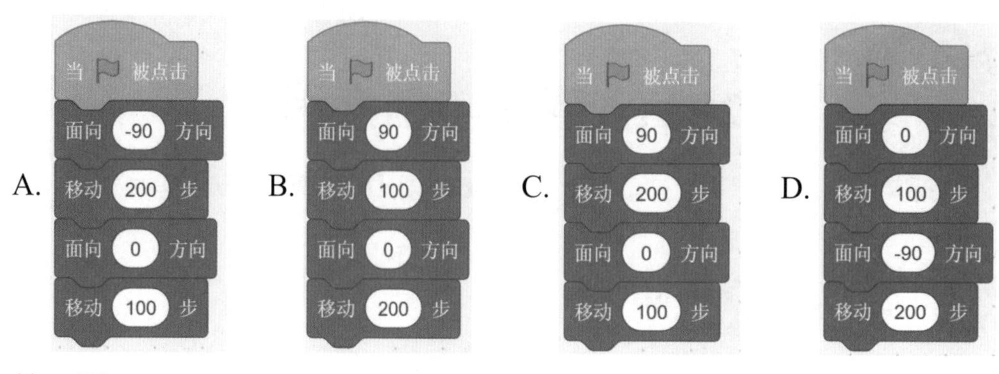

第 3 题

执行图 20-3 所示的程序在屏幕上绘制图形，得到的结果是（　　）。

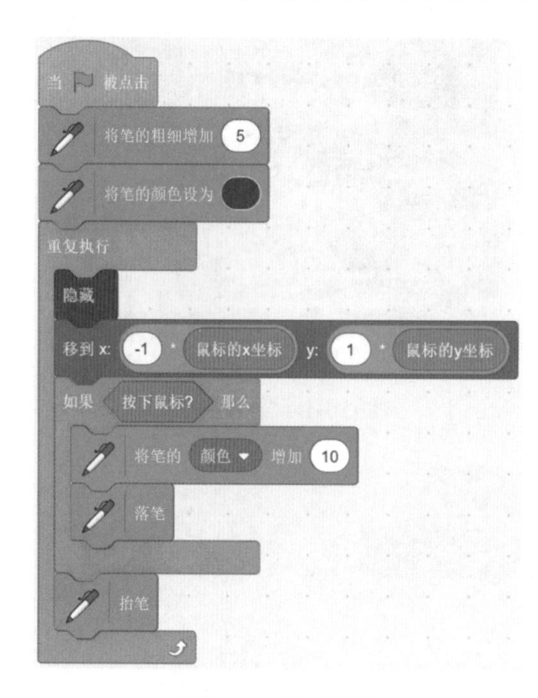

图20-3　第3题图

A. 出现两个图像，关于 x 轴对称的图形

B. 出现两个图形，关于 y 轴对称的图形

C. 出现 4 个图形，关于原点对称的图形

D. 就是画出来的图形

第 4 题

执行如图 20-4 所示的程序，最终舞台区显示出的“病毒怪”效果为（　　）的样子。

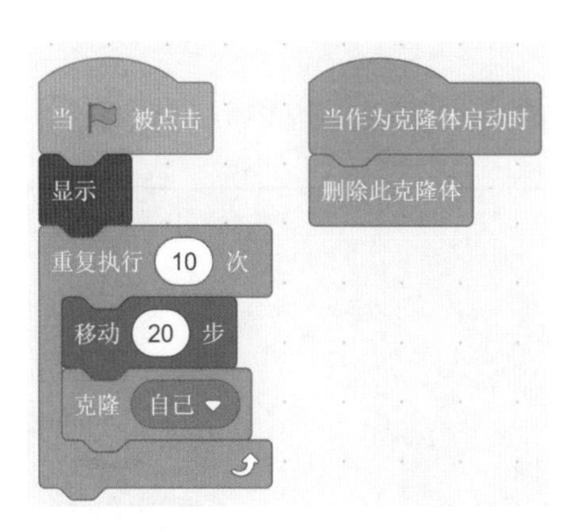

图20-4　第4题图

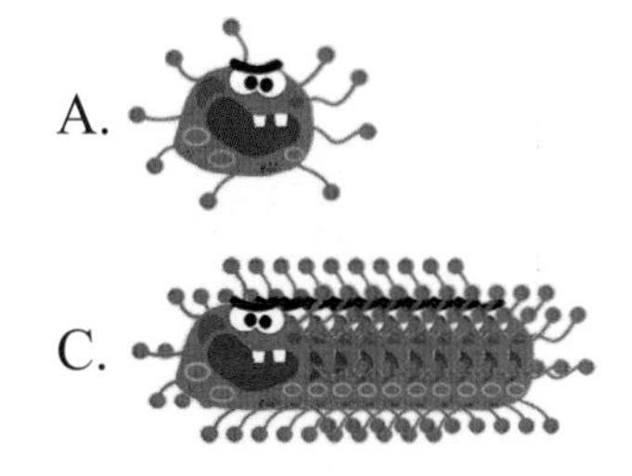

A.

C.

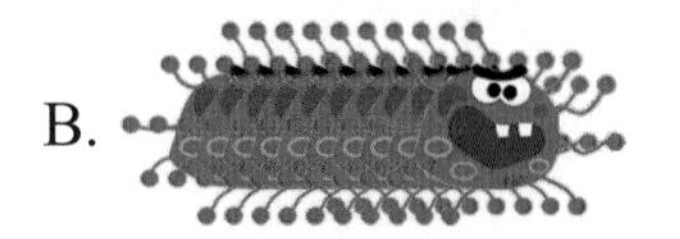

B.

D. 一只病毒怪也不显示

第 5 题

如下程序中，（　　）能够让“病毒怪”实现图 20-5 中呈现的轨迹。

图20-5　第5题图

A. 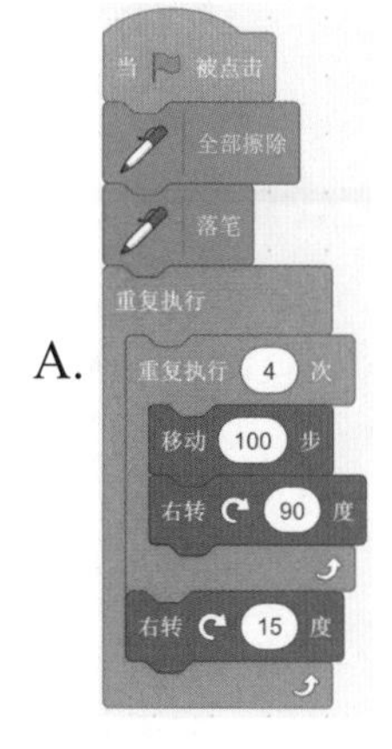

B. 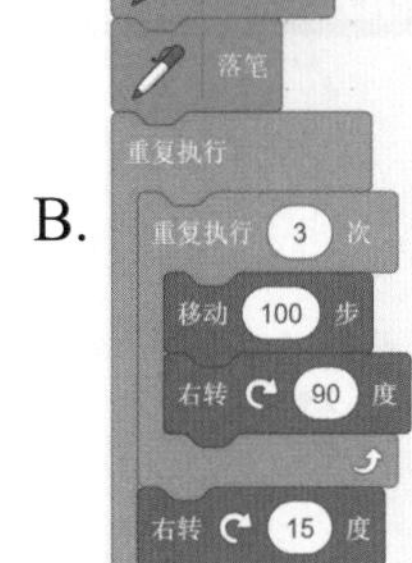

C. 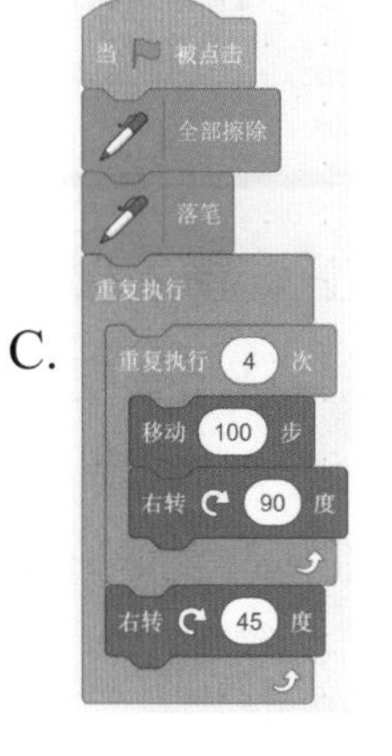

D. 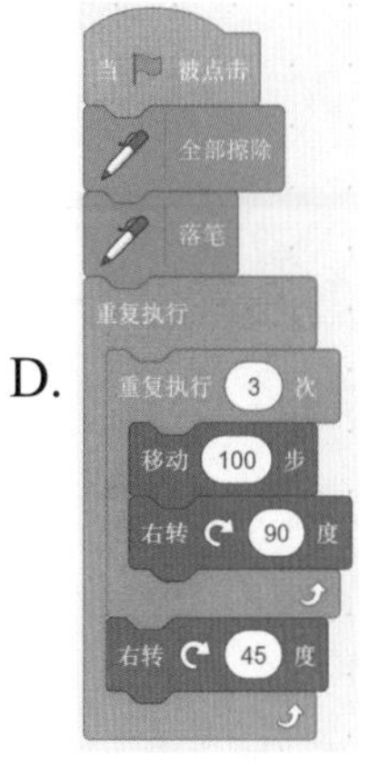

第 6 题

执行如图 20-6 所示的程序后，将“病毒怪”停留在坐标（　　）上。

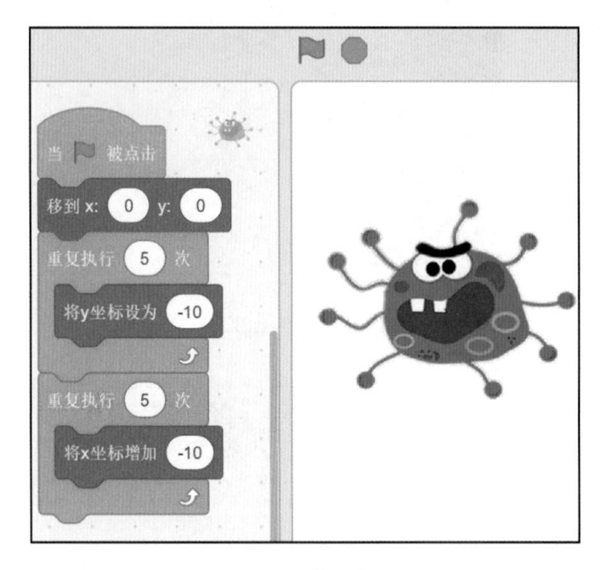

图20-6　第6题图

A.（−50，−50）　　B.（50，50）

C.（0，−50）　　D.（−50，0）

第 7 题

图 20-7 所示的程序所表示的含义是（　　）。

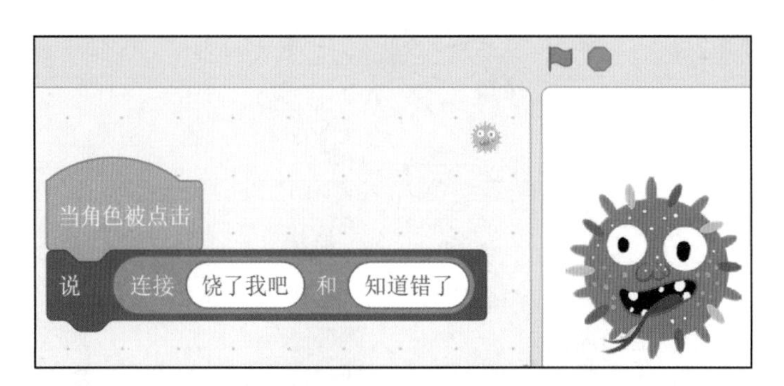

图20-7　第7题图

A. 单击角色时，“病毒怪”说“饶了我吧”

B. 单击旗帜时，“病毒怪”说“饶了我吧”

C. 单击角色时，“病毒怪”说“饶了我吧知道错了”

D. 单击旗帜时，“病毒怪”说“饶了我吧知道错了”

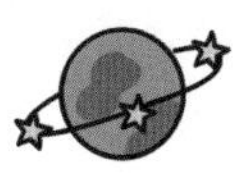

二、编程题

第 1 题

编程实现：添加“迷宫 .jpg”作为舞台背景，设置“抗疫小勇士”和“病毒怪”角色，让“抗疫小勇士”勇敢走出如图 20-8 所示的迷宫并找到“病毒怪”。

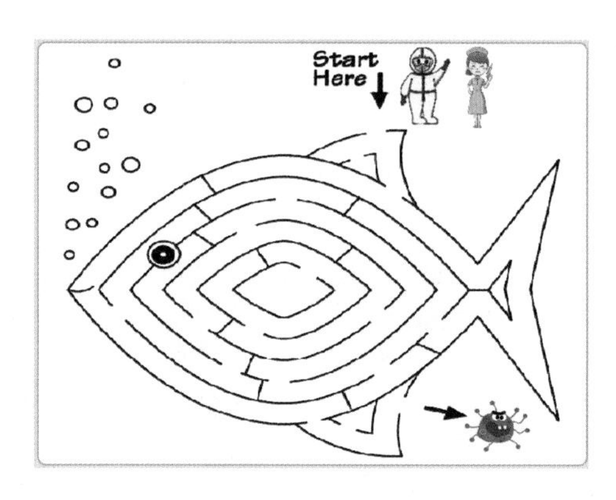

图20-8　第1题图

具体要求：通过移动键盘中的↑、↓、←、→键实现“抗疫小勇士”的位置移动。

（将程序保存到桌面，命名为“第 1 题 .sb3”）

第 2 题

编程实现：将舞台设置为“蓝色天空”背景，设置“抗疫小勇士”和“病毒怪”角色，其中“病毒怪”角色有“病毒怪 1”“病毒怪 2”“病毒怪 3”3 种造型，当分数大于 10 时，游戏胜利，如图 20-9 所示。

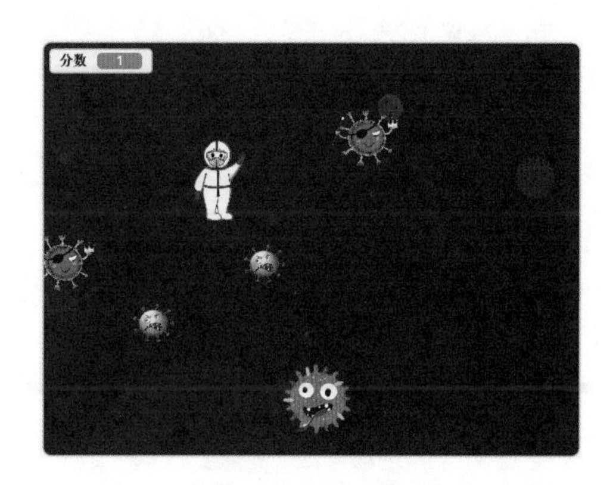

图20-9　第2题图

具体要求：

1. “抗疫小勇士”角色随鼠标位置左右翻转，“病毒怪”不断切换造型，初始游戏分数设为 0。

2. “抗疫小勇士”角色每碰到“病毒怪”一次，游戏分数增加 1。

3. 当游戏分数大于 10 时，游戏停止，在舞台区中央呈现“游戏胜利”图样。

（将程序保存到桌面，命名为“第 2 题 .sb3”）

第 3 题

编程实现：在“病毒怪 1 列表”中生成 6 个整数，这 6 个整数可从 1~50 内随机选取，随后按从大到小的顺序将它们依次移到“病毒怪 2 列表”中，如图 20-10 所示。

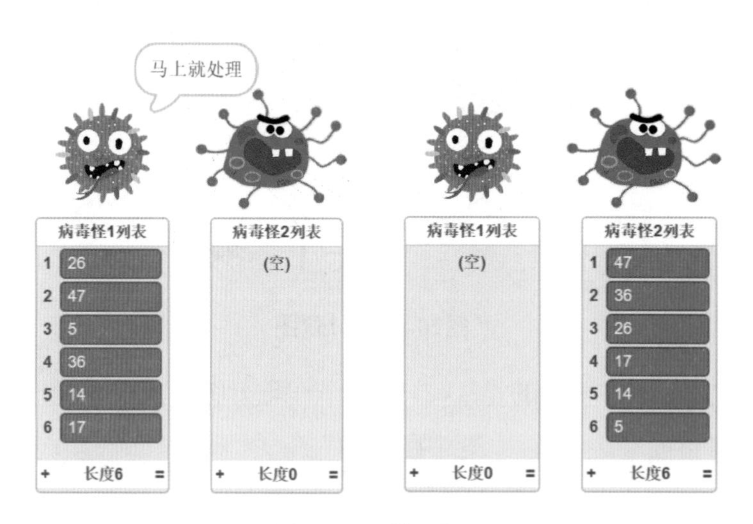

图20-10　第3题图

具体要求：

1. 程序开始后,“病毒怪 1 列表”中随机生成 6 个 1~50 的整数,然后说“马上就处理”。

2. 每间隔 1 秒，都将“病毒怪 1 列表”中当前最大的一个数字移动到“病毒怪 2 列表”中。

3. “病毒怪 2 列表”中数据应从大到小排列，随后说“处理完毕”。

（将程序保存到桌面，命名为“第 3 题 .sb3”）

第 4 题

编程实现：如图 20-11（a）所示,在“+”位置显示“点我进行加法计算”,随后询问“病毒怪 1 有多少只？”，将答案存放于第一个蓝色椭圆形区域中；再询问“病毒怪 2 有多少只？”，将答案存放于第二个蓝色椭圆形区域中；随即在蓝色长方形区域中显示出总的病毒怪数量。

具体要求：

1. 以询问的方式与屏幕前的人员进行互动，并将答案准确填写至相应的位置。

2. 准确计算出病毒怪总数。

（将图 20-11（b）中的程序保存到桌面，命名为“第 4 题 .sb3”）

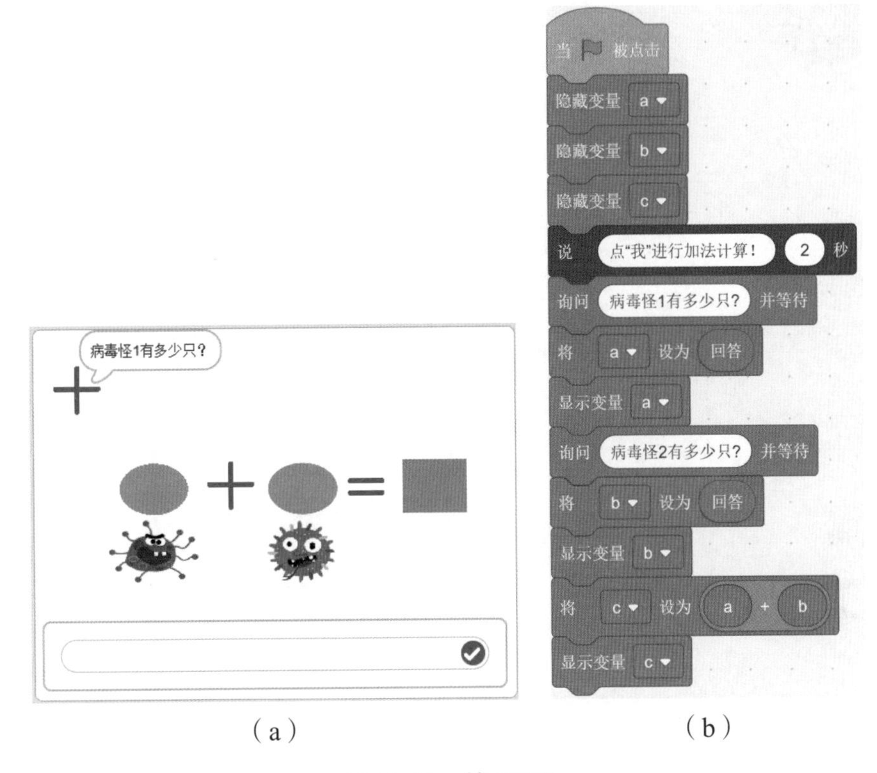

（a）　　（b）

图20-11　第4题图

第21章　青少年创意编程

——Scratch 竞赛模拟题

一、基础题

第 1 题

Scratch 是一款（　　）软件，是一个能实现创意的可视化编程工具。

A. 程序设计　　B. 画图　　C. 游戏　　D. 文字处理

第 2 题

以下选项中的（　　）指令可以让角色与角色之间进行通信。

A. 广播 消息1

B. 当背景换成 背景1

C. 说 你好！

D. 询问 What's your name? 并等待

第 3 题

执行如图 21-1 所示的程序后，“病毒怪”的最终位置在（　　）。

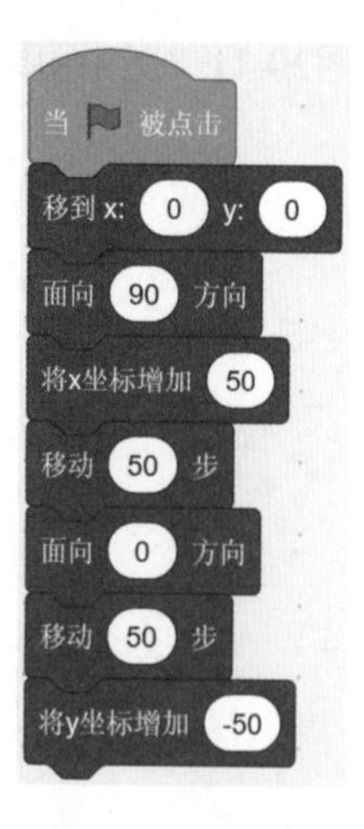

图21-1　第3题图

A.（0，100）　　B.（100，0）

C.（50，50）　　D.（100，50）

第 4 题

图 21-2 所示的“抗疫小勇士”要过生日了，我们为她播放生日快乐歌，放完之后高

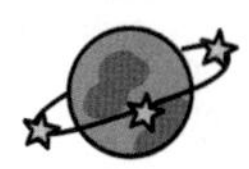

兴地欢呼了一声，以下（　　）代码能实现该场景。

图21-2　第4题图

A. 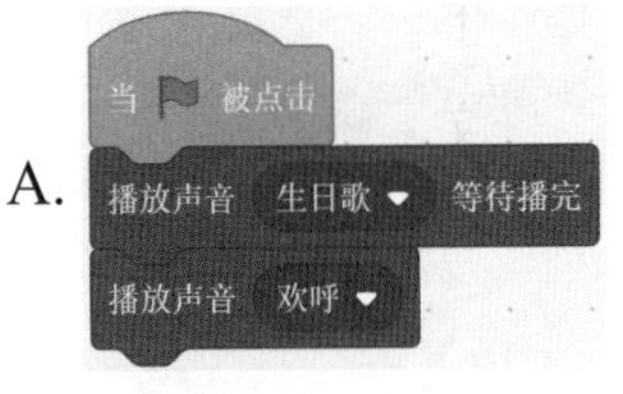

B. 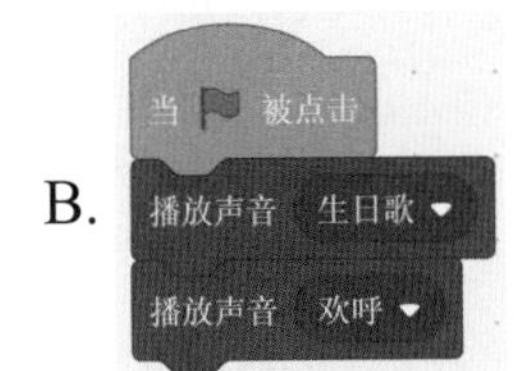

C. 当 被点击
播放声音 生日歌 等待播完
说 欢呼 2 秒

D. 当 被点击
播放声音 生日歌
说 欢呼 2 秒

第 5 题

在图 21-3 所示的程序块中，包含了（　　）个参数。

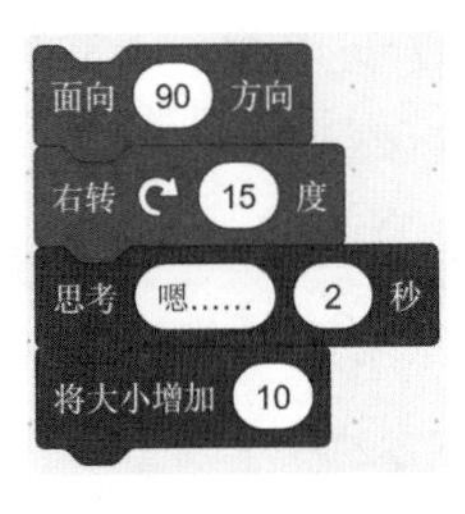

图21-3　第5题图

A. 2　　B. 3　　C. 4　　D. 5

第 6 题

“病毒怪”角色有如图 21-4（a）所示的 4 种造型，通过执行如图 21-4（b）所示的程序，（　　）造型不会出现。

A. 

B. 病毒怪2
C. 病毒怪3
D. 病毒怪4

E. 以上都不对

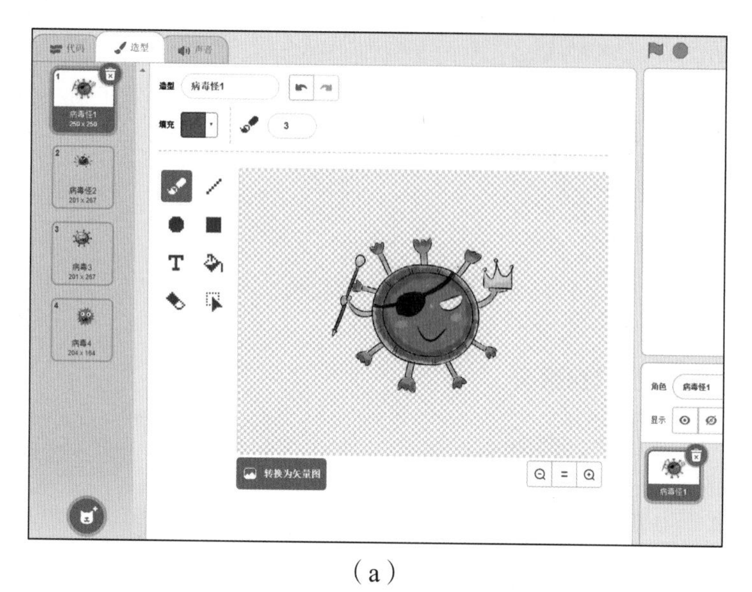

（a）

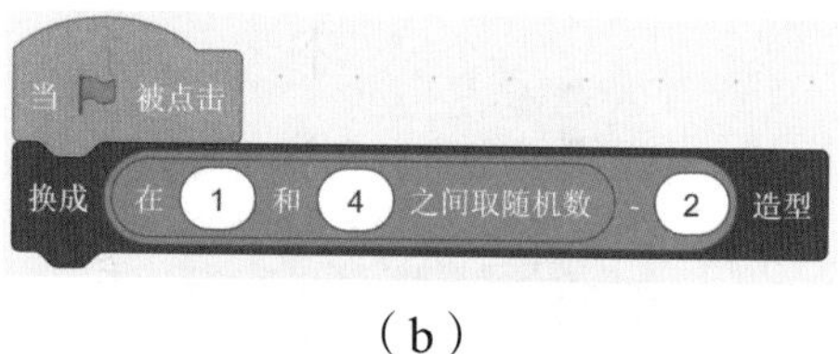

（b）

图21-4　第6题

第 7 题

当输入 100 时，执行如图 21-5 所示的程序，结果显示为“(　　　)”。

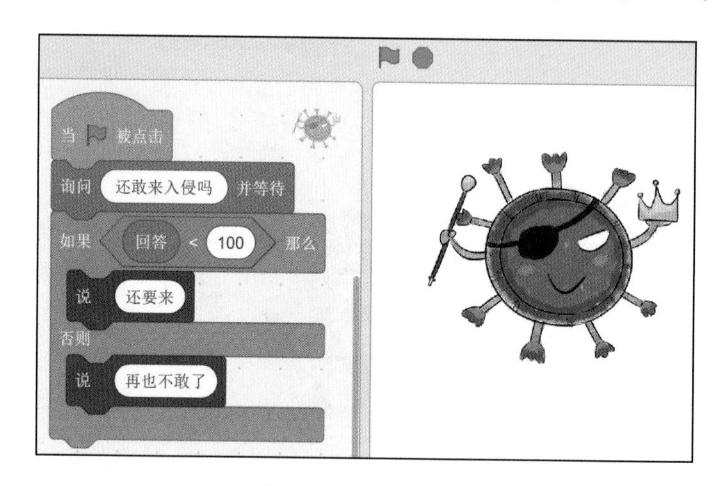

图21-5　第7题图

A. 还要来　　　B. 再也不敢了　　　C. 输出为空　　　D. 还敢来入侵吗

二、创作题

第 1 题　展示类

编程实现：制作一个展示抗疫英雄事迹的宣传册：从网络中收集抗疫人物图片或事迹报道图片（至少 5 个），并配套图片设置文字解说词的呈现。宣传册展现方式不限，可通过按钮进行依次点播，也可以通过轮播等其他方式展示，还可制作丰富的动画效果等。

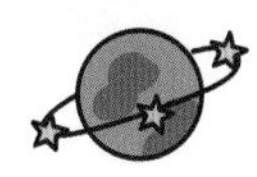

（将程序保存到桌面，命名为“第 1 题 .sb3”）

第2题　故事类

编程实现：使用 Scratch 进行动画故事创作，要求以“病毒怪”入侵，“抗疫小勇士”顽强抵抗，最终“病毒怪”被消灭为故事情节，同时应用上“运动、外观、声音、事件、控制、侦测、运算、变量”等模块。请充分发挥想象力，可设置多个故事场景或关卡。

（将程序保存到桌面，命名为“第 2 题 .sb3”）

第3题　互动类

编程实现：“病毒怪”在与“抗疫小勇士”的战斗中连连挫败，不服气的“病毒怪”以“猜数字”游戏的方式向我们发起挑战。它从 1~500 的整数范围内随机抽取一个数，让我们猜测，当猜对时，“病毒怪”会说“我服气了，你猜对了！”；当未猜对时，“病毒怪”会说“你输入的数字大了”或“你输入的数字小了”；若 10 次机会用完后还没有猜出正确数字，“病毒怪”会说“机会用尽了！”

（将程序保存到桌面，命名为“第 3 题 .sb3”）